遥感数字图像处理实验教程

（第二版）

韦玉春　秦福莹　程春梅　著

"十二五"江苏省高等学校重点教材（编号：2015-1-014）

江苏高校品牌专业建设工程资助项目

科学出版社

北　京

内 容 简 介

遥感数字图像是遥感对地观测产生的图像。通过实验练习，有助于将图像处理知识和地学知识更好的结合应用起来，从图像中挖掘地学信息。本书包括 9 个实验，分别是：实验准备；图像处理的基本操作；图像合成和显示增强；遥感图像的校正；图像变换；图像滤波；图像分割；图像分类；变化检测。各个实验均附有相关的数据。这些实验已经在地理信息科学专业的教学中应用多年。

本书适合地理学、测绘学等学科的相关专业使用，可以配合作者编写的普通高等教育“十一五”国家级规划教材，“十三五”江苏省高校重点教材《遥感数字图像处理教程》使用，也可以单独使用或作为ENVI软件的实验练习手册。

图书在版编目（CIP）数据

遥感数字图像处理实验教程/韦玉春，秦福莹，程春梅著. —2 版. —北京：科学出版社，2018.5

ISBN 978-7-03-057071-0

Ⅰ. ①遥… Ⅱ. ①韦… ②秦… ③程… Ⅲ. ①遥感图象－数字图象处理-实验-教材 Ⅳ. ①TP751.1-33

中国版本图书馆 CIP 数据核字（2018）第 063165 号

责任编辑：杨 红 程雷星/责任校对：何艳萍

责任印制：张 伟/封面设计：陈 敬

科学出版社 出版

北京东黄城根北街 16 号

邮政编码：100717

http://www.sciencep.com

北京虎彩文化传播有限公司 印刷

科学出版社发行 各地新华书店经销

*

2011 年 8 月第 一 版 开本：787×1092 1/16

2018 年 5 月第 二 版 印张：11

2024 年 1 月第十二次印刷 字数：255 000

定价：39.00 元

（如有印装质量问题，我社负责调换）

第二版前言

遥感数字图像处理的实验练习是掌握和理解遥感图像处理方法的基本途径。在实验过程中积极观察和思考有助于加深对课程内容的理解，熟悉和创造性地使用处理方法解决实际问题。新型传感器图像的使用需要更多的创新性的解决方案。

在多年教学的基础上，作者编写了本实验指导书，供地理学和相关学科的本科生在学习遥感数字图像处理中使用。实验指导书可配合作者编写的普通高等教育“十一五”国家级规划教材《遥感数字图像处理教程》使用，也可以单独使用本指导书或将本书作为 ENVI 的练习手册。

本书包括九个实验，覆盖了基本的遥感图像处理方法。每个实验中和实验后均有一些思考问题。对这些问题的解答，有助于读者更好地掌握图像处理方法和应用。按照图像处理的前后顺序，实验内容安排如下：

（1）实验准备：进行显示器的色彩校正实验，并准备实验数据。

（2）图像处理的基本操作：包括图像的显示、图像文件合并、头文件编辑、图像剪裁、重采样等。

（3）图像合成和显示增强：包括图像的彩色合成和拉伸、图像的均衡化和规定化。

（4）遥感图像的校正：包括辐射校正和几何精纠正两部分内容，前者包括了辐射校正的基本内容和过程，后者利用给出的图像图件进行 TM 图像的几何精纠正。自定义用户坐标系和投影。

（5）图像变换：包括傅里叶变换、主成分变换、缨帽变换、波段运算、彩色变换、图像融合。

（6）图像滤波：包括图像平滑、锐化的基本方法。

（7）图像分割：利用直方图、图像的光谱特征进行图像分割。图像数学形态学方法练习。

（8）图像分类：包括 IsoData 非监督分类、训练区、最大似然监督分类、决策树方法，分类结果的后处理。

（9）变化检测：基于分类结果和遥感指数进行遥感图像的变化检测。

随书光盘中包括了实验所需要的典型遥感数据和相关材料，在时间允许的情况下，建议读者使用它们进行附加的实验练习，不要仅使用实验内容中提到的数据。

在第一版基础上，第二版增加了两个主要实验：遥感图像的辐射校正和遥感图像的变化检测；增补了一些实验内容，如图像统计，纹理计算，图像空间、光谱空间、特征空间，图像融合，决策树信息提取等。在实验内容中增加了实验的流程图，以强调对工作流程的理解；增加了课后思考练习和课外阅读的内容；提供了参考阅读文档和网页链接以扩展读者的知识面。提供了更多的实验数据、包括 ETM+数据、OLI 数据、RapidEye 数据和 GF1 数据等。内蒙古师范大学地理科学学院秦福莹老师和浙江水利水电学院测绘与市政工程学院程春梅老师参与了第二版的编写。

本书包含的实验一直在南京师范大学地理信息科学专业教学中使用。

受各种条件限制，实验内容可能还存在着许多问题和不足，欢迎读者批评指正，以进一步完善相关内容。可通过电子邮件联系作者（邮箱地址：weiyuchun@njnu.edu.cn），邮件主题为“RS 实验教程”。

韦玉春

2018 年 2 月于南京师范大学仙林校区

第一版前言

遥感是对地观测的重要手段，遥感图像是对地观测的主要结果。随着新型传感器的问世和使用，遥感数字图像迅速增加，需要更多的人员从事遥感图像处理，以从图像中挖掘各种信息。

实验指导书通过数据的实验练习，有助于将图像处理知识更好的应用起来。在教学过程中，根据本科生的知识结构和遥感数字图像处理的基本要求，我们设立了相关的实验。在多年教学的基础上，我们编写了本实验指导书，供本科生在实验中使用。

本书包括八章，共八个实验，建议实验课时为18～24学时。每个实验过程中和实验后均安排了一些思考问题。对于这些问题的解答，有助于更好的掌握图像处理方法和应用。

按照章节前后顺序，主要的实验内容如下：

（1）实验准备。主要进行显示器的色彩校正实验，并准备实验数据。

（2）图像处理基本操作。包括图像的显示，图像文件合并，头文件编辑，图像剪裁等。

（3）图像合成和显示增强：图像的彩色合成和拉伸，图像的均衡化和规定化。

（4）遥感图像的几何精纠正：利用给出的图像图件进行TM图像的几何精纠正。自定义用户坐标系和投影。

（5）图像变换：傅里叶变换，主成分变换，缨帽变换，代数运算和彩色变换。

（6）图像滤波：图像平滑、锐化的基本方法练习。

（7）图像分割：利用直方图、图像的光谱特征进行图像分割。图像数学形态学方法练习。

（8）图像分类：IsoData 非监督分类和最大似然监督分类方法练习，分类结果的后处理。

本实验指导书可配合作者编写的“十一五”国家级规划教材《遥感数字图像处理教程》使用。您也可以单独使用本指导书或将本书作为ENVI的练习手册。

随书光盘中包括了实验所需要的一些典型数据和相关材料，在时间允许的情况下，建议您使用它们进行实验练习，不要仅使用内容中提到的数据。

实验内容设置的基本原则是：验证+思考。在各个实验中和实验后安排了一些思考题。对这些问题的回答有助于您加深对图像处理算法的理解。

本书中的相关实验已经在近5年的地图学与地理信息系统专业的本科教学实验中使用。编写完初稿后，研究生周宇对书中的实验进行了重复性实验，并重新按照1∶1保存了实验图片。南京师范大学地图学与地理信息系统专业本科生使用本书的内容进行了实验练习和检查。

受知识面和材料的限制，本书尚存在着许多的问题和不足。我们期待您的指导和批评，以进一步完善补充相关的内容。

请通过电子邮件进行联系，邮件主题：RS 实验教程。

韦玉春
Wyc98@sina.com
2011 年 6 月于南京师范大学仙林

实验内容和实验安排

根据内容和工作量，建议每个单元的实验时间为 2～4 课时。全部实验需要 24～36 课时。真正的掌握这些方法则需要更多的时间。

实验编号和 实验名称	主要实验内容	数据	附加	建议时数/ 小时
一 实验准备	显示器的色彩校正	TM 图像局部 ETM+图像局部 IKONOS	5 个显示器校正工具 2 个校正参考图像文件 3 个软件文档	2
二 图像处理 的基本操作	设置头文件 窗口连接 合并图像文件 保存图像文件 图像重采样 图像剪裁 图像统计 图像纹理计算 图像空间、光谱空间和特征空间			3～6
三 图像合成和 显示增强	彩色图像合成 图像拉伸 图像均衡化 图像规定化	两期 TM 数据		2～4
四 遥感图像的校正	辐射校正：计算大气顶面反射率，直方图和暗像元相对校正，FLAASH 大气校正，QUAC 大气校正，地表辐射校正 几何精纠正	19971018 完整的一景 TM 数据，匹配的 DEM 数据 几何精纠正误差评估模板.xlsx 图像-图像纠正的图像实例	地面辐射校正程序	3～6
五 图像变换	傅里叶变换 波段运算 K-L 变换 K-T 变换 色彩变换 图像融合	SPOT 图像数据 IKONOS 图像数据 L8 图像数据 GF1 图像数据 其他彩色图像		3～6

续表

实验编号和实验名称	主要实验内容	数据	附加	建议时数/小时
六 图像滤波	均值滤波 高斯低通 中值滤波 罗伯特梯度 SOBEL 梯度 拉普拉斯梯度 定向滤波 自定义滤波	中巴卫星的噪声图片 其余遥感图像和彩色图片		2～4
七 图像分割	直方图进行图像分割 彩色图像分割 文字图像分割，抑制噪声 利用图像的剖面分析差异信息 提取水体信息 提取图像中的线性地物信息 进行图像形态学处理 区域标识 栅格矢量化	典型的彩色图片		3～6
八 图像分类	非监督分类 监督分类，分类后处理 决策树	ETM+图像 决策树提取水体的论文、数据和模型		3～6
九 变化检测	基于遥感指数的变化检测 分类后变化检测 变化检测后处理 高空间分辨率图像的变化检测	两期 L8 局部图像和分类结果 两期 RapidEye 局部图像	计算类别均值程序	3～6

目　录

实验一　实 验 准 备

一、目的和要求

1. 目的

掌握显示器的色彩校正方法。

2. 要求

了解 ENVI 遥感数字图像处理系统的基本功能、各功能之间的主要关系。

能够通过在线帮助文档进行自主学习。

了解主要遥感图像处理软件系统的特点和功能。

能够使用免费工具对显示器进行基本的色彩校正。

3. 软件和数据

1）软件

ENVI 的最新版本。请咨询相关的厂商。

显示器颜色校正工具。随书光盘目录："实验准备\显示器色彩校正工具"。

2）实验数据

随书光盘目录："实验准备\数据"。

二、实 验 内 容

（1）安装 ENVI 图像处理软件。

（2）浏览主要的遥感数字图像处理系统的主页。

（3）校正显示器。

（4）拷贝实验数据。

三、ENVI 遥感数字图像处理系统介绍

软件：ENVI（The Environment for Visualizing Images）5.3 或更高的版本。

公司：Harris Geospatial Solutions。

主页：http: //www.harrisgeospatial.com/ProductsandTechnology/Software/ ENVI. aspx。

2017 年，ENVI 的版本为 5.41，可在 32 位和 64 位操作系统上运行，用于遥感数字图像处理和分析。

ENVI 是功能齐全的遥感图像处理系统，可处理、分析并显示多光谱数据、高光谱数据和雷达数据，界面友好、工具多，便于进行数据可视化分析和交互性探索性分析。

ENVI 中的图像处理基于像素和波段。图像文件打开后，所包括的波段显示在一个列表中（Available Bands List），可以被系统所有工具引用。如果图像的大小相同，那么可以组合利用各种工具进行图像处理。列表中的"波段"可以是原始遥感图像原有的，

也可以是图像处理后的结果（使用波段作为变量的指代），可以具有不同的数据类型。

ENVI 的处理功能通过菜单调用，通过窗口对话框进行参数的选择。

ENVI 使用 IDL（Interactive Data Language）编写，许多特性与 IDL 语言的特性紧密相关。IDL 是一个用于交互式数据分析和数据可视化的计算环境，将数学分析、图形显示技术与功能强大的面向数组的结构化语言结合在一起。利用 IDL，可以快速扩充 ENVI 的处理能力，解决实际问题的效率更高。ENVI 对于要处理的图像波段数没有限制，可以处理几乎所有的卫星图像格式，如 Landsat、IKONOS、SPOT、RADARSAT、NOAA、EROS 和 TERRA 等，并接受新的传感器信息。

ENVI 的遥感影像处理功能包括：几何校正和辐射校正、图像增强、滤波、变换和分类、多光谱分析、高光谱分析、雷达分析、地形分析、GPS 连接、正射影像图生成、三维图像生成，二次开发调用的函数库、制图、数据输入/输出等。ENVI 支持各种投影类型和自定义投影。ENVI 包括完整的高光谱数据处理工具，可有效地进行高光谱图像的处理、分析分类和土地利用动态监测。分类及制图输出中可以使用汉字标注。

ENVI 的矢量工具可以进行屏幕数字化、栅格和矢量叠合，建立新的矢量层、编辑点、线、多边形数据，进行缓冲区分析，创建、编辑属性表并进行矢量层的属性查询。

ENVI 具有地形分析和三维地形可视化功能，能按用户制定路径飞行，产生动画序列并输出为 MPEG 文件，便于用户演示成果。

ENVI 使用 SARscape 工具处理微波数据，提取 CEOS 信息并浏览 RADARSAT 和 ERS 数据。可用天线阵列校正、斜距校正、自适应滤波等功能提高数据的利用率。ENVI 可以处理极化雷达数据，从 SIR-C 和 AIRSAR 压缩数据中选择极化和工作频率，可以浏览和比较感兴趣区的极化信号，创建振幅图像和相位图像。

ENVI 提供了两种界面。①多窗口界面，界面可以打开多个窗口进行对比，称为传统界面。如果工作偏重于数据处理和探索性分析，优先推荐在此界面下进行。②集成界面，向 Office、ArcGIS 和 ERDAS IMAGINE 等软件的界面风格靠拢，专用的图像处理功能在工具箱中。如果仅仅是图像处理，或具有了完整的图像工作流程，建议使用此界面。

四、传统界面的 ENVI

传统界面的 ENVI 正常启动后的菜单构成如图 1.1 所示。主菜单和每个对话框均为单独的窗口。一个图像同时在三个窗口中显示：显示整个图像的全局窗口（Scroll）、显示 1∶1 图像的图像窗口（Image）、放大或缩小显示的缩放窗口（Zoom）。这些窗口可以在多个显示器上显示，且各个图像窗口可以相互连接，从而极大地方便了图像处理和分析。

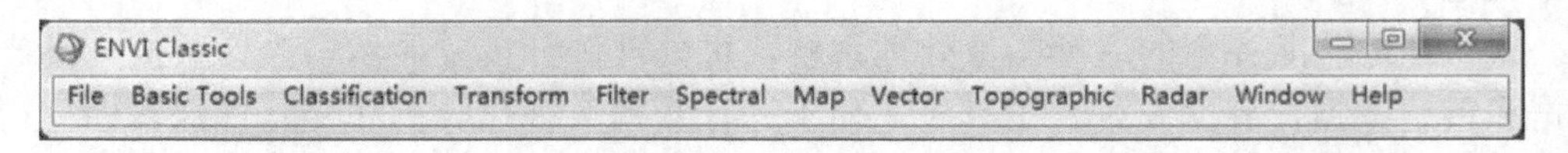

图 1.1　传统界面的 ENVI

在 ENVI 中，基本的图像处理操作流程为：打开图像文件，合成显示图像；从主菜单中选择图像处理功能，再选择相关的参数，设定待处理的图像和输出图像，进行图像处理；显示对比图像处理结果；合并不同处理结果为新的图像，进行新的处理，或将结果输出转存为文件。

1. 文件管理（File）

文件菜单管理文件读写和系统设置，进行相关的文件和项目的管理。通过该菜单，可把不同类型的遥感图像文件读进 ENVI，进行文件转换和处理。

菜单中图像文件被分为四类：

（1）常用的多光谱图像，按照卫星和传感器来命名，如 Landsat 的 Fast、SPOT 等。

（2）特殊格式的图像，如雷达图像、激光图像等。

（3）其他专业遥感图像处理软件产生的图像，包括 PCI、ERDAS IMAGINE 和 ER Mapper 等。

（4）通用格式的图像，如 bmp、tif 等。

打开的图像可以导出为 IDL 变量，然后在 IDL 中进行命令行或程序化处理。IDL 中的变量也可以导入为图像，在 ENVI 中进行处理。

通过文件保存操作，打开的图像可以转换为其他格式的图像文件。

2. 基本工具（Basic Tools）

Basic Tools 菜单提供了基本的图像处理功能。包括：图像重采样、掩膜处理；图像格式转换；图像统计、空间统计、量测工具和变化检测。图像的兴趣区（Regions of Interest）用于监督分类、波段运算（Band Math）、数据拉伸（Stretch Data）、图像镶嵌、图像预处理等。

预处理（Preprocessing）子菜单中包括图像辐射校正、针对特定传感器的工具和通用工具等。

3. 变换（Transform）

图像变换是将图像数据转换到另一种数据空间表达的图像处理方法，通过简单或复杂的方法来实现。变换目的是提高信息的表达能力。变换后的图像比原始图像在某些方面更易于处理和信息提取。

主要方法有：图像锐化；彩色变换、主成分变换、缨帽变换；计算图像比值，计算 NDVI 值；图像的拉伸，如去相关拉伸、饱和度拉伸等。

4. 滤波（Filter）

图像滤波利用邻域信息进行图像增强，方法包括卷积（空间域滤波）、图像形态学、纹理、自适应滤波和傅里叶滤波（频率域滤波），强调滤波核的应用。

卷积和形态学滤波在空间域进行。卷积是最常用的图像滤波方法，包括图像平滑和锐化的主要算法，如中值滤波、拉普拉斯变换等。形态学滤波以图像的数学形态学为基础对图像进行处理，如膨胀和腐蚀运算。纹理包括同生测度（occurrence）和共生测度（co-occurrence）。自适应滤波器主要用来处理雷达图像，其特点是在抑制噪声的同时保留图像的边界信息和细节。傅里叶滤波在频率域对图像进行滤波，主要用来提取或去除图像中的周期成分。

5. 分类（Classification）

分类是图像处理的重要内容，包括监督分类、非监督分类和决策树分类，波谱端元收集和分类后处理等。其中，监督分类方法包括平行管道方法、最小距离方法、马氏距离方法、最大似然法、光谱角方法、光谱信息散度方法、二值编码方法、神经网络分类和支撑向量机分类等。非监督分类包括迭代自组织方法、*k* 均值方法。分类后处理中，包括类别统计、混淆矩阵、多数/少数分析、类的聚块、类的筛选、类的合并、类的叠加、缓冲区、区域标识（图像分割）及分类结果矢量化等。

6. 波谱（Spectral）

波谱工具用于多光谱和高光谱图像及其他波谱的数据分析，是 ENVI 区别于其他软件的重要特征。包括：波谱库的构建、重采样和浏览；波谱分割；波谱运算；波谱端元的判断；波谱数据的 *N* 维可视化；波谱映射；线性波谱分离；匹配滤波；包络线去除及波谱特征拟合等。

7. 地图（Map）

用于建立遥感图像与地图的关联。主要功能包括：图像的配准（几何精纠正）、正射投影（正射校正）、几何校正和图像镶嵌；地图坐标和投影转换；用户自定义投影；转换 ASCII 坐标；连接 GPS 等。

8. 矢量（Vector）

用于对矢量地图进行转换等。包括：打开、建立矢量文件、将栅格图像（包括分类图像）转化为 ENVI 矢量文件，不规则点数据的栅格化，将 ENVI 矢量文件（EVF）、注记文件（ANN）及感兴趣区（ROI）转化为 DXF 格式的文件，图像数字化等。

9. 地形（Topographic）

用来对数字高程数据 DEM 进行特征提取和分析。包括：计算坡度、坡向和不同的曲率值；生成一幅图像显示河道、山脊、山峰、沟谷、平原；创建山区阴影图像（Create Hill Shade Image）；替换数字高程数据中的坏值、不规则数据的栅格化、转换等高线为 DEM、3D 显示等。

10. 雷达（Radar）

ENVI 为分析探测雷达图像及 SAR 系统（如 JPL 的极化偏振 AIRSAR 与 SIR-C 系统等）提供了标准化的工具，可以对 ERS-1、JERS-1、RADARSAT、SIR-C、X-SAR 和 AIRSAR 数据及其他的 SAR 数据进行处理。ENVI 也可以处理 CEOS 格式的雷达数据（包括来自其他雷达系统的 CEOS 格式数据）。

多数 ENVI 处理功能本身就包含雷达数据的处理能力，如所有的显示功能、拉伸、颜色处理、分类、配准、滤波、几何校正等。另外，ENVI 提供了分析极化雷达数据的专用工具 SARscape。

11. 窗口管理（Window）

用于管理 ENVI 显示和绘图窗口，包括打开新窗口、窗口最大化、窗口间链接显示、关闭窗口、访问可用波段列表和可用矢量列表；浏览显示窗口的信息、浏览显示图像中光标位置和像元值、从显示窗口中收集点、打开窗口查找工具、显示鼠标的按钮信息等。

12. 帮助

ENVI 的帮助系统可以方便地按照关键词查找帮助内容，可以对感兴趣的内容设置书签，以便于将来阅读。

五、集成界面的 ENVI

集成界面的 ENVI 使用一个框架进行功能管理，主菜单比较简洁，各个图像处理功能模块作为工具箱中的工具（图 1.2）。窗口的上部为主菜单条和图像显示控制按钮，下部从左向右分别为图像文件管理区、图像显示区和图像处理功能模块列表区。

在此界面下，图像处理的基本操作流程为：打开图像文件，系统按照默认的设置显示图像；从工具箱中选择图像处理功能，选择相关的参数，设定待处理的图像和输出图像，进行图像处理；对比显示图像处理结果，保存处理结果。

但是，由于图像显示被限制在单一的框架内，限制了更多图像的对比显示，这给大图像处理和多图像的联合分析带来了不便，也不适用于多显示器。

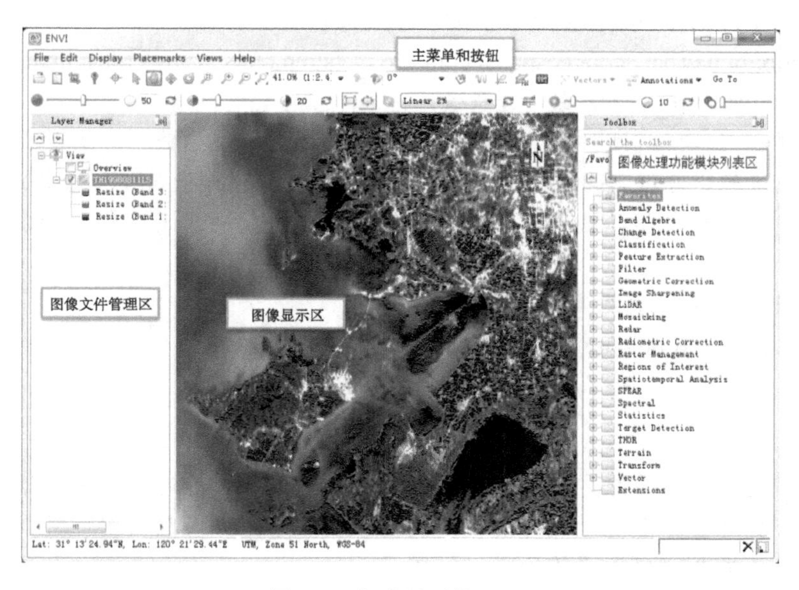

图 1.2　集成界面的 ENVI

六、查看软件的帮助信息

启动传统界面的 ENVI。点击主菜单“Help”→“Start ENVI help”，阅读帮助文件。从“index”中，输入“display images”，查看帮助信息。

输入“TM”，查看相关的帮助信息。

七、常用的遥感数字图像处理系统

除了 ENVI 系统外，常用的商业化遥感数字图像处理系统至少有如下两个。建议通过网址查询产品的相关信息，并以 ENVI 为参照，对各个系统的主要功能、性能进行总结比较。

1. ERDAS IMAGINE 遥感图像处理系统

ERDAS IMAGINE 是美国 Intergraph 公司的遥感图像处理系统产品。系统包括面向多种应用领域的产品模块、不同层次用户的模型开发工具及高度的 RS/GIS 集成功能，是内容丰富、功能强大的图像处理工具。

ERDAS IMAGINE 系统基于文件的操作，每次图像处理的结果都要保存到磁盘文件中。因此，系统的运行需要有较大的硬盘预留空间。2009 年后，ERDAS IMAGINE 已将 ER Mapper 作为其系统的一部分，可以直接打开 ER Mapper 中的算法文件，增加了这两个系统的数据整合能力。

2017 年发行的软件称为 ERDAS IMAGINE 2017。

网址：http://www.hexagongeospatial.com/products/remote-sensing/erdas- imagine。

2. PCI Geomatica 遥感图像处理系统

加拿大 PCI 公司开发的用于图像处理、制图、GIS、雷达数据分析及资源管理和环境监测的多功能软件系统，拥有齐全的功能模块，组成了一个全面的遥感图像处理系统。

PCI 最突出的特色是功能丰富的工具箱和建模系统，强调矢量和图像数据的集成管理和处理。

2017 年 PCI 的版本称为 Geomatica 2017。

网址：http://www.pcigeomatics.com。

八、显示器的色彩校正

数字图像通过显示才能为人的视觉所感知，感知之后才能寻找合适的处理方法。为了尽可能不失真地显示图像，同时为使不同显示器显示的图像具有可比性，保证显示和感知的一致性，需要对显示器的色彩进行校正。

色彩校正也称为颜色校正。

在图像处理过程中，不能有光线直接照射显示器表面，显示器周围应没有过分艳丽明亮的其他颜色的物体，尽可能保持中灰色（参考：实验准备\显示器色彩校正工具\中灰板.jpg）。应该在较暗的不变的环境中进行图像的处理，以便正确地感知颜色。

色域、颜色的可控制性和稳定性决定了颜色的显示能力和显示器的价格。在没有校正的情况下，相同的图像在不同显示器上的显示会有差异。一般的家用显示器价格低，显示偏差比较大，工业显示器和专业出版印刷使用的图像显示器价格高，显示偏差小。

1. 校正工具

专业显示器校正往往软件和硬件相结合，请通过搜索引擎搜索“显示器 色彩校正”或“显示器 颜色校正”来获得更多的知识。

常用的操作系统如“苹果”和“Windows”相比，苹果系统具有较好的颜色管理和校正工具，在出版业应用较多。Windows 操作系统只是在 Windows7 后才具有了颜色校正工具（相关的操作为：控制面板→外观和个性化→显示→校准颜色）。

尽可能选用专业显示器，其中可调整的按钮包括：亮度、对比度、色温、RGB 颜色增益和偏差、色彩空间等，sRGB 色彩空间应该大于 95%，AdobeRGB 色彩空间建议大于 85%。相同大小的显示器，分辨率越高，对图像的显示越有利，但文字越小，不利于文字阅读。所以，应该选择分辨率高的大尺寸的显示器，如 27 英寸、2560×1440 分辨率的显示器。

常用的校正工具有 Spyder、colorVision、BasICColor Display、Atrise Lutcurve、QuickGamma、Monitor Calibration Wizard、Display Tuner 等。一些专业显示器带有自己的校正工具，如艺卓（EIZO）显示器、三星显示器的 Magic Tune 校正工具、LG 显示器的 LG forte manager 校正工具。

有的图像处理软件如 Corel Paint Shop Pro Photo 中带有屏幕校色工具。

使用纯软件的方式可以校正显示器的对比度、亮度、色彩。

2. 工作流程

显示器校正的一般流程如下：

（1）运行校正软件（有的需要使用附加的硬件工具）；

（2）按照屏幕提示进行操作；

（3）保存校正文件；

（4）使用校正文件。

校正文件往往称为 ICC Profile，扩展名是 ICC。

3. 校正实验

在校正之前，确认显示器至少能够调整亮度和对比度。

使用“Windows 照片查看器”打开图像“中灰板.jpg”和“校正参考.jpg”，对比显示器校正前后的图像显示差异。

本实验使用免费软件 Monitor Calibration Wizard 进行显示器的色彩校正练习。软件的作者为 Ichael Walters，可从如下网址下载：http://www.hex2bit.com/ products/product_mcw.asp#downloads。

打开“\显示器显示校正工具\校正参考.jpg”图像，作为校正对比的参考图像。使用“中灰板.jpg”作为显示器窗口的背景图片。

操作步骤：

（1）调整亮度和对比度（图 1.3）。利用显示器的对比度和亮度按钮进行调整。①调整对比度，使得黑白对比达到最大；②调整亮度，使得显示看起来比较舒服。

调整完成后，点击“继续”。

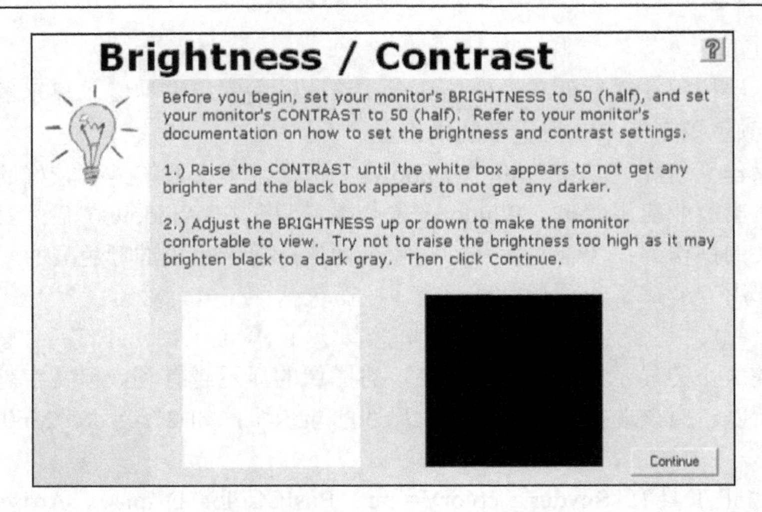

图 1.3　亮度和对比度调整窗口

（2）调整红色通道[图 1.4（a）]。①在出现的窗口中，对于上面的红色框，向左移动滑杆，直到出现差异。对于下面的颜色框，向右移动直到出现差异。②细心地调整滑杆，直到内部小色块最大程度地融合在外部色块中。

绿色和蓝色的调整过程与此类似。

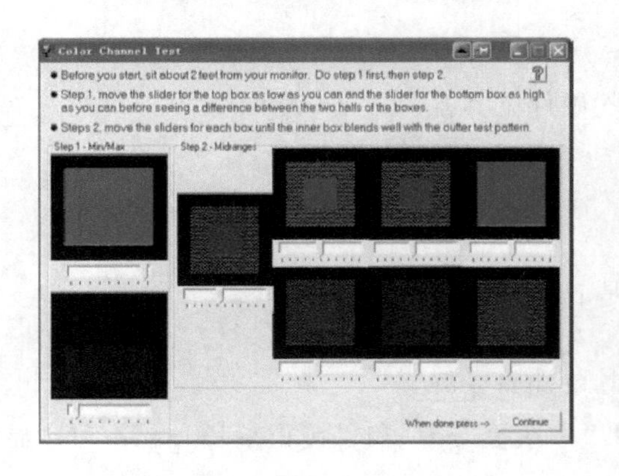

（a）调整红色通道

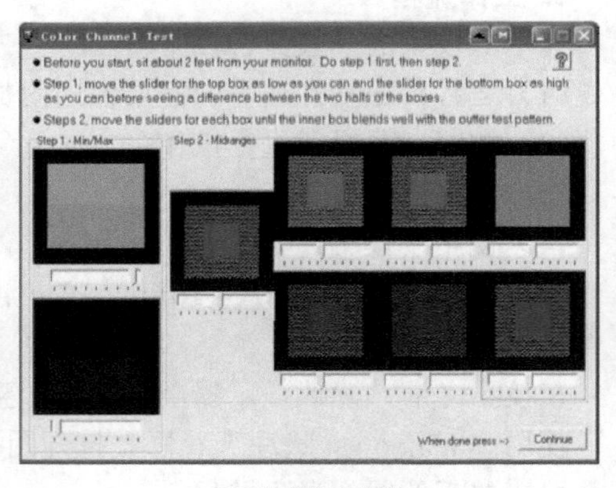

（b）调整绿色通道

图 1.4　红色和绿色通道的调整（彩图，请参阅随书光盘中的相应文件）

（3）调整绿色通道[图 1.4（b）]。

（4）调整蓝色通道[图 1.5（a）]。

最后一步，对比校正前后颜色曲线[图 1.5（b）]。

点击“15 Second Test”按钮，查看校正后的显示是否得到了改善。

如果显示效果满意，点击“Apply”按钮保存结果。

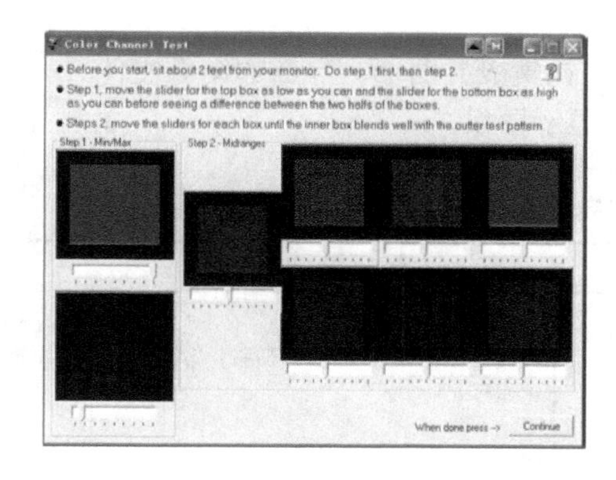

（a）调整蓝色通道

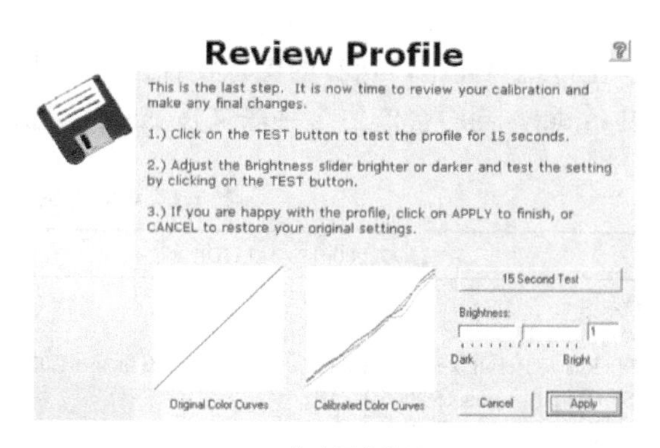

（b）检查调整结果

图 1.5　蓝色通道调整和调整结果检查

Windows7 或更高版本的操作系统可以使用系统自带的工具进行简单的调整。对于 Windows7，操作步骤如下：①右键点击桌面→个性化；②在出现的窗口中，点击窗口中左下方的“显示”项；③点击左侧功能区中上部的“校准颜色”，然后按照屏幕的提示进行操作。

完成后，对比校正前后的差异，确认是否使用屏幕颜色校正产生的配置。

本书所附光盘中同时包括了 Adobe Gamma 等校正工具，可以拷贝到电脑中使用。不同工具的色彩校正结果并不相同。

九、实 验 数 据

数据目录：随书光盘中的目录“实验准备\数据”。

建立目录：d:\rsData；c:\temp\envi；d:\rs_sx;d:\temp。

所有的练习均默认使用上述目录，其中，第一个是数据文件目录，第二个是临时文件目录，第三个是图像处理结果的输出目录，最后一个是备用的临时文件目录。

拷贝“实验准备\数据”中的所有数据（包括子目录中的数据）到 d:\rsData。该目录中数据需要在各个实验中使用。

在 d:\rsData 目录下，建立对应各个实验的子目录，C1，C2，…。

注意：目录名称必须是英文，且不能包括特殊字符，如空格等。随着实验的进行，各章单独的实验数据拷贝到 rsData 的子目录下。例如，第三个实验数据，拷贝到 C3 子目录下。

联网进入 Google Earth（网址：http://www.google.cn/maps/），显示南京周边的高空间分辨率图像（空间分辨率大于 10m），拷屏保存，文件名为 goo_nj.jpg。

ENVI 默认文件格式为 BSQ 格式，图像数据文件包括两部分：图像文件和头文件。

查看目录：实验准备\数据\L7_20000612。

例如，L720000612_B17 和 L720000612_B17.hdr 为一个图像数据，前者为图像文件，后者是头文件，可以通过文本编辑器阅读和编辑。头文件中的主要数据项说明见表 1.1，可在软件内通过编辑头文件功能进行修改。

在传统界面下，保存的图像文件没有扩展名。在集成界面下，保存的图像文件具有扩展名.dat，同时会产生金字塔文件.enp 用于快速显示图像。

表 1.1 ENVI 头文件内容说明

L720000612_B17.HDR	说明
ENVI	标记
description = { File Resize Result, x resize factor: 1.000000, y resize factor: 1.000000. [Sun Aug 13 17:09:15 2006]}	说明信息，“{}”中的内容自动产生，或自己编写
samples = 1400	图像列数
lines = 1220	图像行数
bands = 6	图像的波段个数
header offset = 0	头的缓冲区大小
file type = ENVI Standard	文件类型，当前为标准格式
data type = 1	数据类型，1 为字节
interleave = bsq	图像文件的格式
sensor type = Landsat TM	传感器类型
byte order = 0	字节次序
x start = 2779 y start = 1350	在原图像中位置。当前图像经过了剪裁
map info = {Space Oblique Mercator B, 1.0000, 1.0000, 16506579.8596, 440102.5482, 3.0000000000e+001, 3.0000000000e+001, WGS-84, units=Meters, rotation=-0.00037380}	地图信息
projection info = {32, 6378206.4, 6356583.8, 7, 120, 0.0, 0.0, WGS-84, Space Oblique Mercator B, units=Meters}	投影信息
wavelength units = Unknown	波长单位
band names = { Resize（Meta（Band 1）:L71120038_03820000612_HRF.FST）， Resize（Meta（Band 2）:L71120038_03820000612_HRF.FST）， Resize（Meta（Band 3）:L71120038_03820000612_HRF.FST）， Resize（Meta（Band 4）:L71120038_03820000612_HRF.FST）， Resize（Meta（Band 5）:L71120038_03820000612_HRF.FST）， Resize（Meta（Band 7）:L71120038_03820000612_HRF.FST）}	波段名称，可自己修改
wavelength = { 0.478700, 0.561000, 0.661400, 0.834600, 1.650000, 2.208000}	各个波段的中心波长

十、课后思考练习

（1）以 ENVI 为参照，哪些遥感图像处理系统在哪些功能上可以弥补 ENVI 的不足？

（2）为什么要进行显示器的色彩校正？

（3）色彩管理在图像处理中起什么作用？包括哪些内容？

（4）在图像处理过程中，图像显示起着什么作用？显示器的使用和图像显示过程中要注意哪些问题？

（5）使用什么方式来辅助检验显示器校正前后的显示效果？

十一、课外阅读①

（1）百度搜索“显示器色彩校正”和“色彩管理”，选择10个左右的结果进行阅读，撰写阅读笔记。

（2）阅读理解 http://zmingcx.com/lcd-color-calibration-accuracy.html 中的内容：“液晶显示器颜色精确校正”。

（3）阅读 http://www.calibrize.com/more.html 中的相关内容，下载 Calibrize 软件，使用该软件进行显示器校正。阅读理解 http://www.calibrize.com/primer1.html 中的内容和相关链接中的内容。

（4）阅读“简谈笔记本屏幕色彩调整的几种方法”。网址：http://blog.sina.com.cn/s/blog_5d9de9950102v548.html。

（5）阅读随书光盘目录“实验准备\软件文档”中的 PDF 文件，按照“软件网址.txt”中的内容，上网查找其他文档进行阅读，对比软件功能的差异。

① 网址于2016年12月访问有效。

实验二　图像处理的基本操作

一、目的和要求

1. 目的

熟悉基本的图像处理操作，包括：系统设置、设置图像头文件信息、图像显示、图像窗口连接、获得图像子集、图像重采样、图像统计等。

2. 要求

能够按照工作要求进行系统设置。

能够根据图像的信息修改图像的头文件。

掌握图像处理的基本操作：图像合并、头文件编辑、多窗口连接、图像子集、图像重采样、图像统计、窗口连接等。

能够利用图像统计了解图像的统计特征。

掌握图像空间、光谱空间和特征空间的基本操作。

3. 软件和数据

ENVI 软件。

实验 1 中准备的 TM 图像数据。

二、实 验 内 容

（1）ENVI 的文件菜单构成。

（2）ENVI 的设置。

（3）图像显示和图像信息查看。

（4）多个显示窗口连接。

（5）窗口图像的保存。

（6）合并单波段的 Landsat TM 数据文件为 BSQ 格式的图像文件。

（7）编辑图像的头文件。

（8）图像子集。

（9）图像重采样。

（10）图像统计计算和图像纹理。

（11）图像空间、光谱空间和特征空间的连接。

实验涉及的功能包括主菜单 File（文件）、Basic Tools（基本工具）、Filter（滤波）；图像窗口的菜单 Tools。

三、图像处理的基本工具

1. ENVI 的菜单构成

传统界面的 ENVI（版本 5.31）的主菜单如图 2.1 所示。

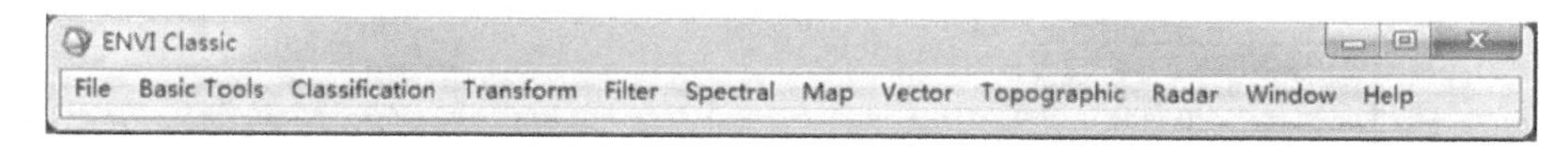

图 2.1　ENVI 的主菜单

文件菜单中最重要的如图 2.2 所示。不同的软件版本中的细节略有差异。

（1）打开、转入图像，将图像保存为其他格式的数据。

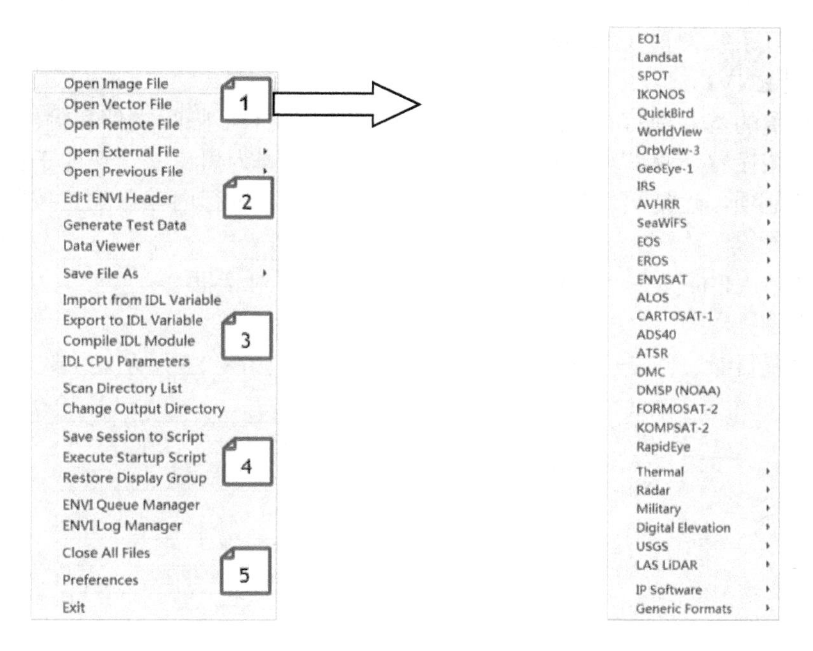

图 2.2　文件菜单和数据格式

ENVI 按照四个类型来选择图像：卫星和传感器，特殊的格式，常用的遥感图像处理软件（IP Software）格式和通用图像格式（Generic Formats）。

支持的专业软件的图像格式如图 2.3 所示，通用图像格式如图 2.4 所示。

（2）编辑图像头文件。

（3）与 IDL 进行数据交换。将图像转出为 IDL 的变量，在 IDL 的工作台进行处理。将处理结果返回到 ENVI 中。该功能可以很容易地扩充 ENVI。

（4）保存当前的工作为宏，并在下次工作时打开使用。该功能用来保留上次的工作状态。类似的功能有 MapInfo 软件的保存工作空间。所有上次工作中打开的窗口，运行该宏后均能恢复。注意：保存在内存的临时数据不可以恢复。

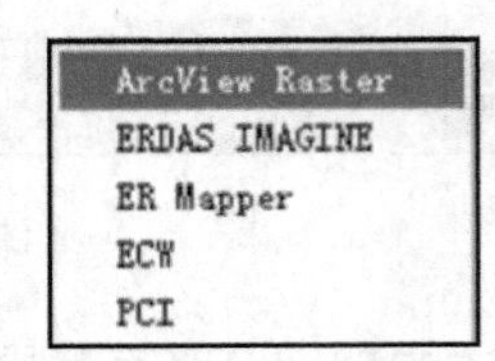

图 2.3　专业软件的图像格式

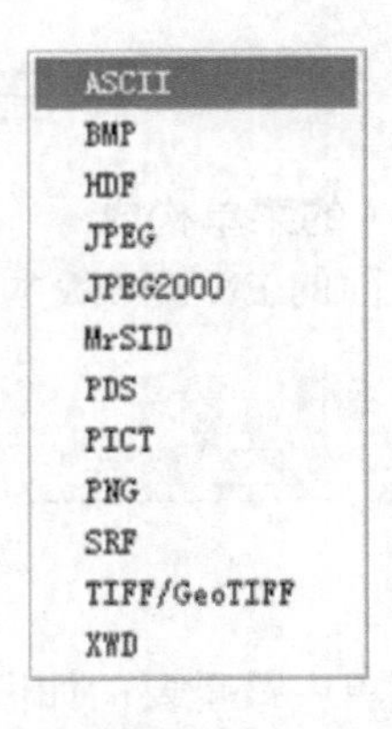

图 2.4　通用图像格式

（5）进行系统设置（Preferences）。

2. 设置 ENVI

需要设置的基本项目有：①默认目录，包括数据文件、临时文件和输出文件的目录。②默认的绘图设置，将背景色设置为白色，前景色设置为黑色。这更便于拷屏保存处理结果。③其他项，包括页面的单位，设置为公制单位。进行内存分配。按照计算机的内存大小进行设置。

点击菜单“File”→“Preference”，打开系统设置对话框。

操作步骤：

（1）设置目录。点击“Default Directories”，显示如图 2.5 所示。

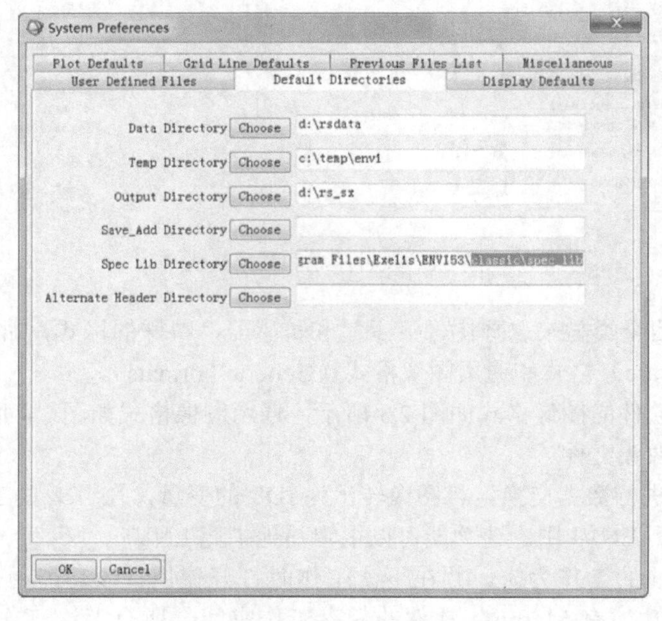

图 2.5　ENVI 的系统设置窗口

对于本书中的实验，建议设置如下。

数据目录：d:\rsdata，临时文件目录：c:\temp\envi，输出文件目录：d:\rs_sx，其他目录默认不变。

（2）设置绘图背景色。点击“Plot Defaults”（图 2.6）。

右键点击“a”处，选择“Items 1:20”→“White”。右键点击“b”处，选择“Items 1:20”→“Black”。

ENVI 中的所有颜色选择，均使用上述操作方式。“Items 1:20”表示编号 1～20 的项。

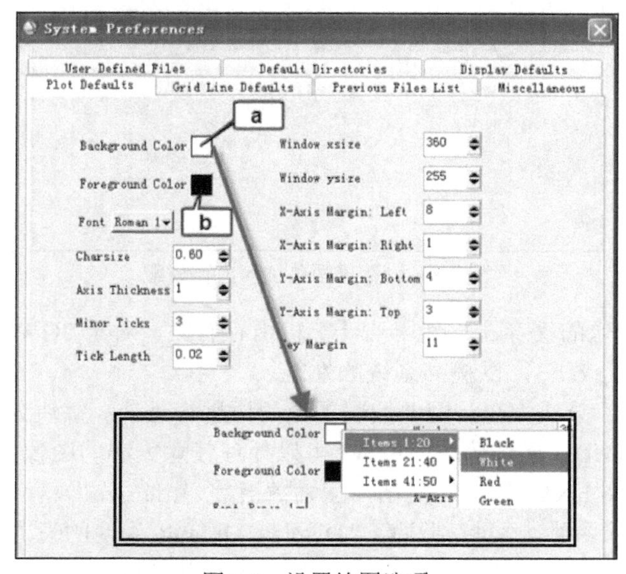

图 2.6　设置绘图选项

设置完成后，如图 2.7 所示。

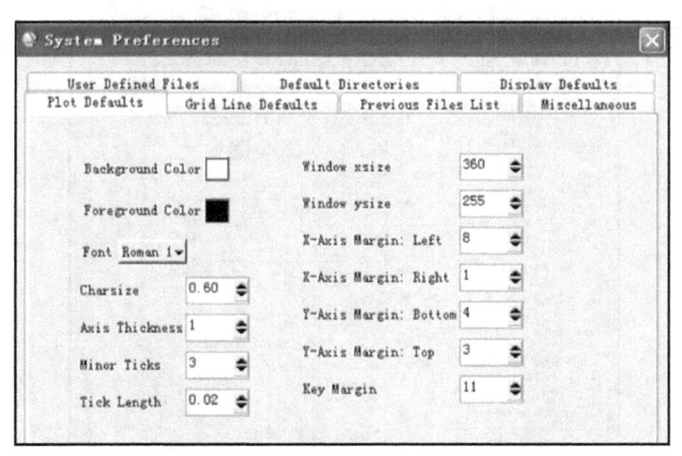

图 2.7　完成绘图选项设置后的对话框窗口

（3）设置内存。点击“Miscellaneous”。点击和输入相应的数字。设置完成后的窗口如图 2.8 所示。

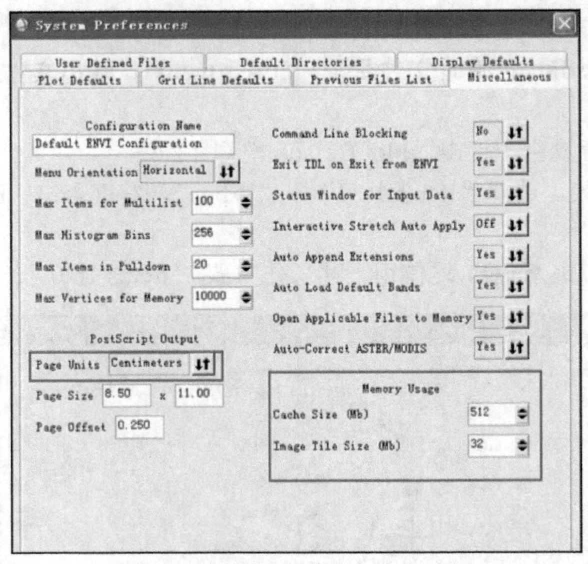

图 2.8　设置页面单位和内存分配

Cache Size：图像的缓存。与使用的计算机内存有关。对于 2G 以上内存的用户，建议设置为内存的 1/2 或 1/3，以提高系统的性能。

Image Tile Size：分块大小。图像按照图像的块进行处理。每块为一个基本单位。一般设置为 4MB 或 8MB。通过分块，ENVI 可以处理任意大小的图像。

详细内容请参阅 ENVI 的在线文档（搜索关键字“tile size”）。

（4）默认的显示参数。要特别注意“Display Defaults”中的设置（图 2.9）。其中，Zoom 窗口中使用了“最近邻”采样方式，用来保证窗口图像内容与原始图像最大程度的相似性。

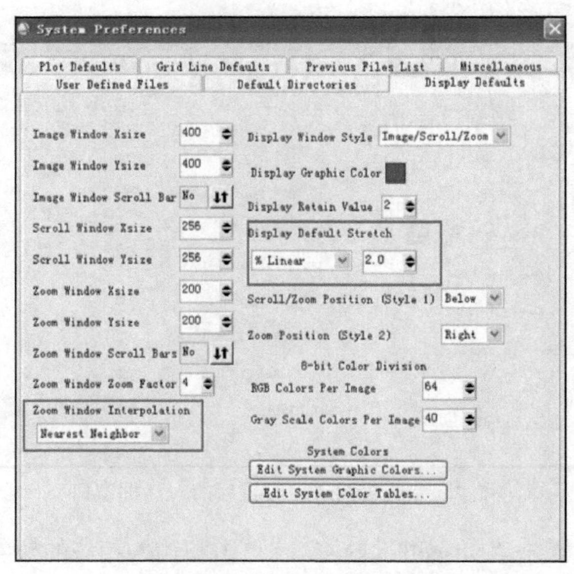

图 2.9　设置默认的显示参数

注意：

（1）ENVI 默认显示的图像经过了 2%拉伸增强。

（2）本书中插图图像均经过了 2%拉伸。

个人编写程序显示的图像效果不如 ENVI，其原因在于 ENVI 中显示的图像在显示前默认进行了显示的拉伸处理。

设置完成后，点击“OK”，确定保存当前的设置到默认的文件中（图 2.10）。点击“OK”，确定覆盖原来的文件。

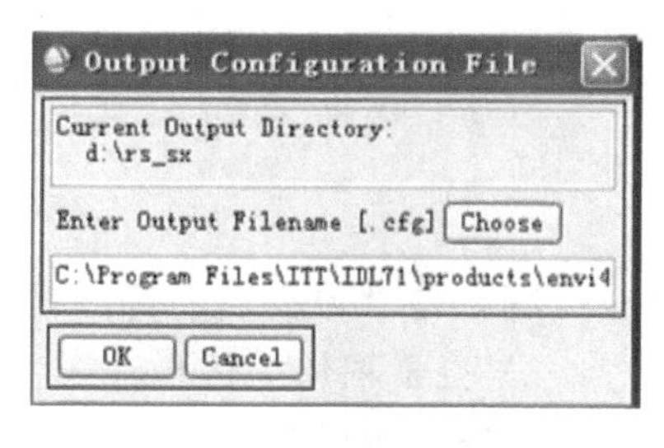

图 2.10　保存 ENVI 的设置文件

3. 图像显示

1）数据

经过 ENVI 的设置后，数据目录为 d:\rsData。该目录包括在实验一中拷贝的数据文件。

基本的实验数据为南京 Landsat5 的 TM 图像的一部分，包括 7 个文件，文件名为 b1，…，b7，文件大小为 600 列×600 行，二进制 BSQ 格式存储，数据类型为字节。

2）打开数据文件

点击：“File” → “Open Image File”，选择“b1”，在对话框中输入各项参数。输入完成后显示头信息窗口。按图 2.11 所示输入相关参数。

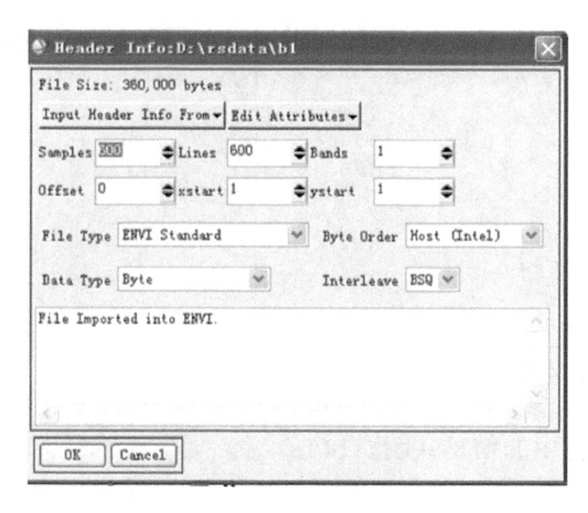

（a）头信息窗口

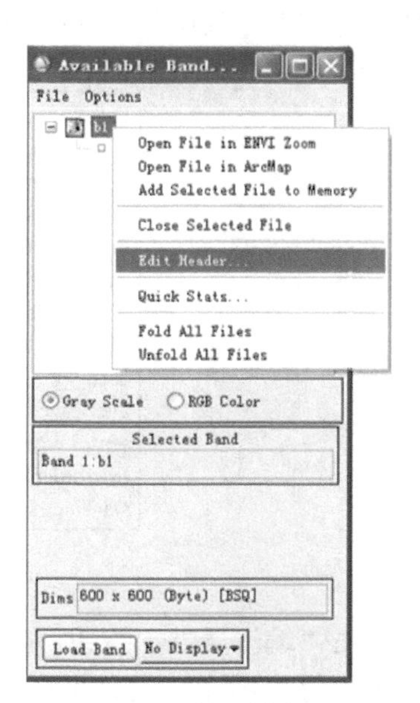

（b）可用波段列表窗口

图 2.11　图像头信息

重复如上过程，分别打开 b2，…，b7。

设置正确后，在图像文件所在的目录将生成头文件*.hdr，其中，*为 b1,b2,…等文件名。

在 Available Band 窗口下面，直接给出了图像的大小和格式信息（图 2.12）。

Dims 600 x 600 (Byte) [BSQ]

图 2.12　图像大小和文件格式

图 2.12 中从左到右为：列数×行数，数据类型，图像文件的格式。

3）查看图像头信息

图像头信息保存在头文件中。头文件是一个文本文件，其内容可通过两种方式查看。

（1）在 ENVI 中打开。通过主菜单“File” →“Edit ENVI Header”，或直接在 Available Band 窗口，右键点击图像名称，点击“Edit Header…”。操作后显示上面所示的头信息（Header Info）窗口。

头信息窗口下面是注释信息，可以自己增加修改。当前信息为“File Imported into ENVI”。

（2）使用 notepad 打开图像头文件。运行 notepad（或任何一个文本编辑器），将 D:\rsdata\b1.hdr 文件拖到 notepad 窗口中，显示头文件的内容（图 2.13）。

头文件的内容可以通过程序读取，从而得到图像的相关信息。下面是一个基本的头文件内容实例。其中的 Unknown 需要通过编辑头文件进行修改。

```
ENVI
description = {
  File Imported into ENVI.}
samples = 600
lines    = 600
bands    = 1
header offset = 0
file type = ENVI Standard
data type = 1
interleave = bsq
sensor type = Unknown
byte order = 0
wavelength units = Unknown
```

图 2.13　图像头文件内容示例

点击“编辑属性”按钮，显示头文件中的信息（图 2.14）。

头信息窗口中，有许多的数据项需要填充。其中，最为重要的是：①波段名称；②波长；③像素大小；④传感器类型；⑤数据中忽略的值（一般忽略 0 值，该项对于图像的统计很重要）。

这些数据项的编辑工作在下面练习中进行。

4）显示图像

窗口：Available Band List 窗口。如果该窗口被关闭，可以通过主菜单：“Window”→“Avaliable Band List”来打开。

图像有两种显示方式：单色显示和 RGB 合成显示。

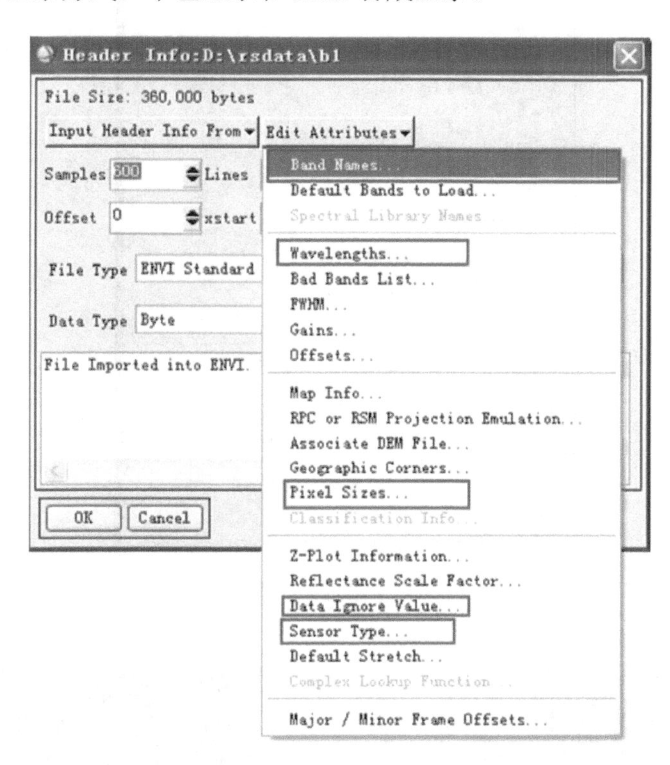

图 2.14　头文件的属性信息

（1）单色显示：点击“Gray Scale”，点击波段，如 b5 中的 band 1，点击“Load Band”（图 2.15）。

（2）RGB 合成显示：点击“RGB Color”，依次点击三个波段作为 R、G、B 通道对应的波段或文件，点击“Load Band”。 如果要调整（R,G,B）顺序，例如，将 G 对应的波段改为 4，操作为：点击“G”，点击波段 4。合成显示的各个波段的行列数必须完全相同。

按照（3,2,1）方式进行（R,G,B）合成方式显示：点击“RGB Color”，点击“R”，顺序点击 3,2,1（当前数据各个波段分散在各个文件中，这里对应的是图中 b3、b2、b1 文件中的 Band 1），点击“Load Band”，显示图像合成的结果（图 2.16）。

本书中凡是（R,G,B）合成方式显示，均指上述操作过程。

5）ENVI 中的窗口

系统默认使用三窗口图像显示方式（图 2.17）。

（1）Scroll 窗口。全景窗口。显示图像的全局信息，是原始图像重采样的结果。

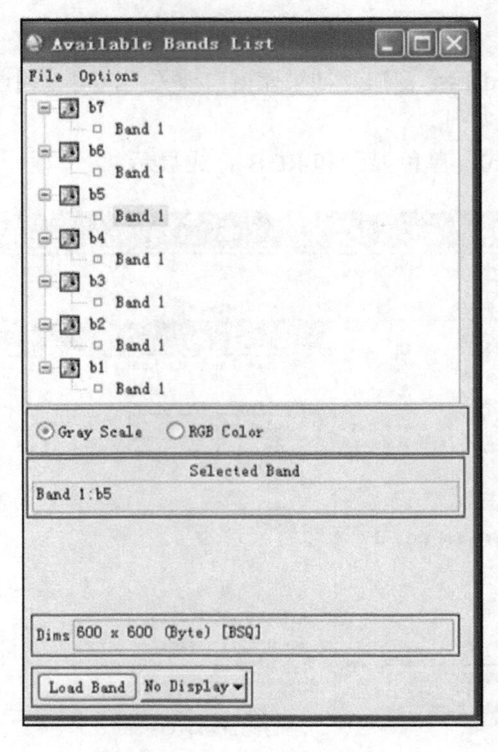

图 2.15　单色显示图像

（a）第 4 波段的单色显示

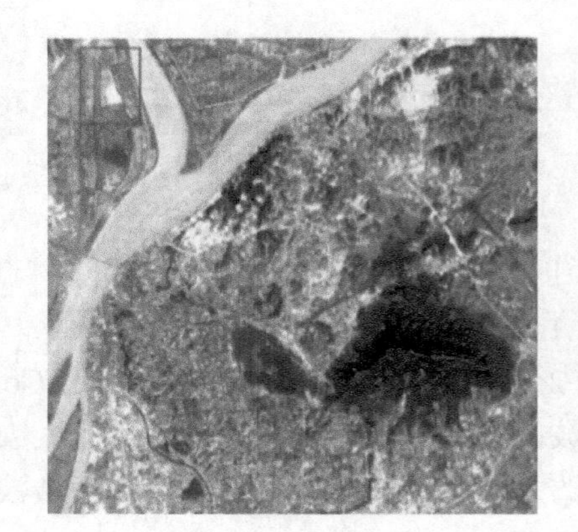

（b）（3,2,1）合成显示

图 2.16　图像显示

（2）Image 窗口。图像窗口。按照 1∶1 像素方式显示图像（屏幕上的一个点对应图像中的一个像素）。只能显示 Scroll 窗口中的局部范围图像。

（3）Zoom 窗口。放大窗口。放大显示 Image 中的部分区域。倍数显示在窗口的标题中，图 2.17（c）为 4 倍放大。

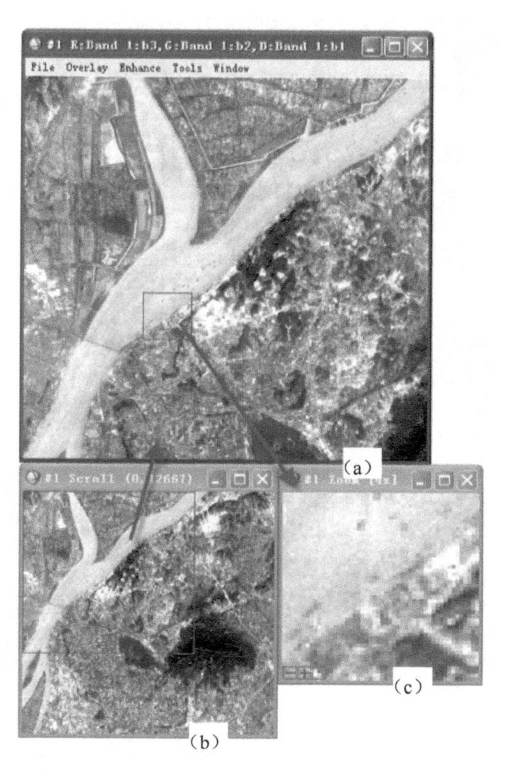

图 2.17　ENVI 中用于显示图像的三个窗口

(a) 图像窗口，1∶1 显示图像；(b) 全景窗口，重采样缩小显示；(c) 放大窗口，针对图像窗口的放大显示

点击 Zoom 窗口中左下方的第三个框（图 2.18），可以打开或关闭十字线。点击“+”或“-”进行图像的放大或缩小（最小为 1 倍，等同于 Image 窗口中的局部）。

图 2.18　Zoom 窗口中打开“十”字线

4. 窗口连接

多窗口连接是 ENVI 一个强大的功能。可以同时打开多个窗口，每个窗口显示不同的内容或不同的图像合成结果，然后通过像素坐标和地理坐标进行连接显示。在一个窗口中移动光标位置，其他窗口中也自动更新显示为对应的位置。

窗口连接：连接多个图像显示窗口，同步显示图像数据。

在新窗口中单色显示 B4 波段：在 Available Band 窗口点击窗口下部的“Display #1”，点击“New Display”。点击“Gray Scale”，点击“b4”，“Load Band”。

在新窗口打开图像，均指如上操作。

当前的窗口状态：#1 窗口为（3,2,1）合成显示，#2 为 B4 单色显示。

连接窗口#1 和#2。点击#1 窗口菜单“Tool”→“Link”→“Link Displayers”，显示 Link Displays 窗口。选择#1 和#2 的显示“Yes”，动态叠加显示为“On”。确定（图 2.19）。

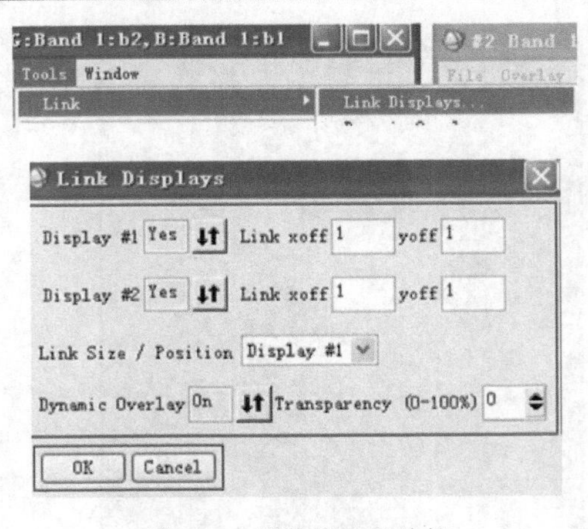

图 2.19　图像窗口的连接

叙述上的默认：

主菜单：ENVI 独立的主菜单条
窗口菜单：Image 窗口顶部的菜单条

问题 1：

当前光标位置窗口中的 Scrn 和 Data 行的数据各是什么意思？为什么不同？

连接后的窗口如图 2.20 所示。在一个窗口中移动红色的矩形框（选框），另外一个窗口的矩形框会移动到相同的位置。在#1 的红色矩形框外点击，会叠加显示#2 窗口图像。

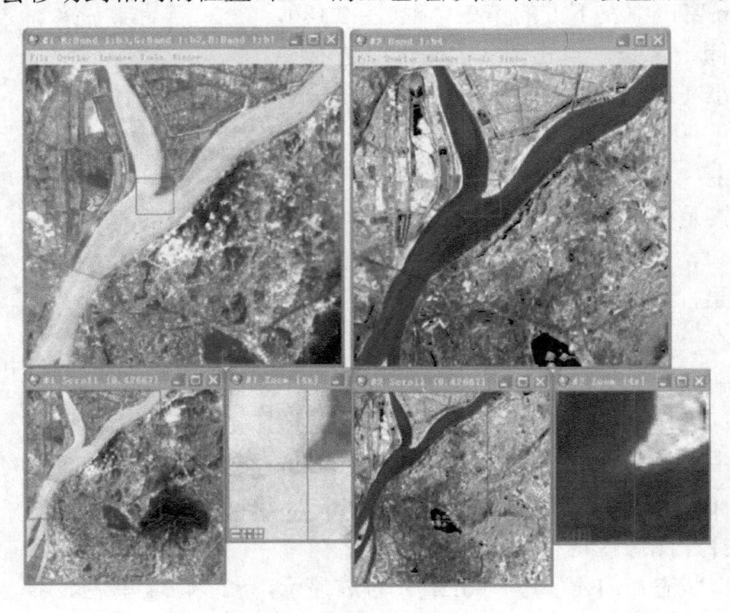

图 2.20　连接后的图像显示

在红色的矩形窗口内双击，显示光标位置的图像信息（图 2.21）。

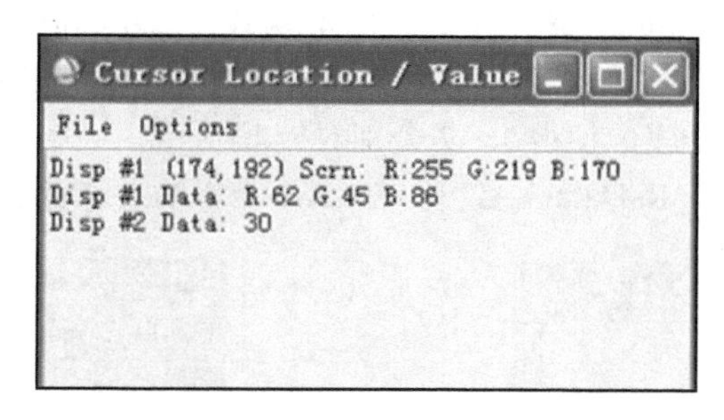

图 2.21　光标位置和像素值

5. 保存窗口图像

保存窗口#1 显示的图像为 GeoTIFF 格式（图 2.22）。

在#1 窗口，点击窗口菜单“File”→“Save Image As”→“Image File…”。

执行后，显示窗口：输出显示到图像文件（图 2.23）。

点击选择输出文件类型为“TIFF/GeoTIFF”。

点击“Choose”，选择目录并输入文件名，或直接输入：D:\rs_sx\AA_geo.tif。

点击“OK”，保存结果。

如果将图像文件保存为 TIFF/GeoTIFF 格式，请使用主菜单文件菜单下的“保存文件为”子菜单。

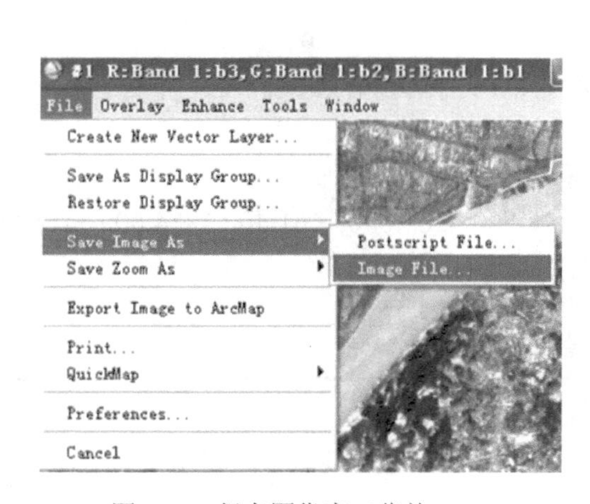

图 2.22　保存图像窗口菜单

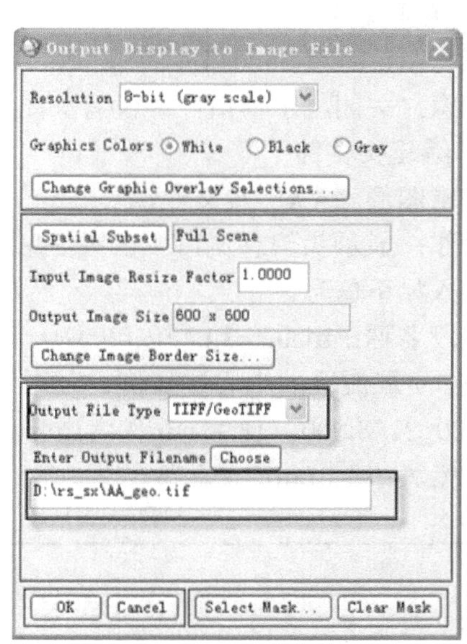

图 2.23　输出显示到图像文件窗口

6. 图像合并

将具有相同行列的单个图像文件合并为一个图像文件。某些图像处理要求待处理的波段保存在一个文件中。

操作：点击主菜单“File”→“Save File as”→“ENVI Standard”。

在显示的 New File Builder 窗口中（图 2.24），点击“Import File...”，选择 b1,…,b7。

点击“Reorder Files...”，出现文件排序 Reorder Files 窗口。使用鼠标左键选择波段名称然后上下拖放进行排序，使得 1～7 分别对应 b1,…,b7。确定。

输出的文件名为：D:\RsData\AA，确定。AA 是以后各次实验用的图像文件名称。

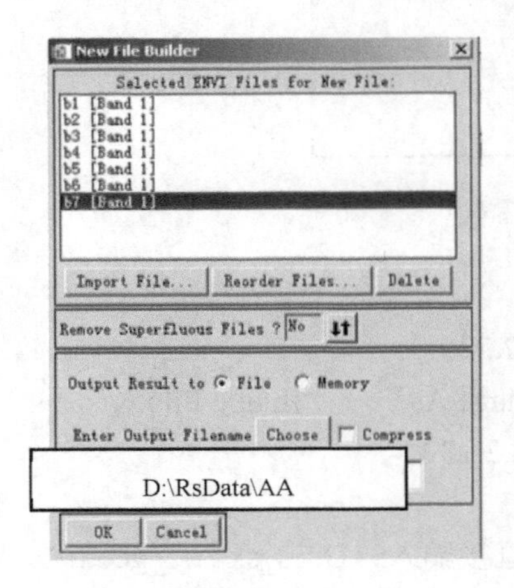

（a）构建新文件窗口

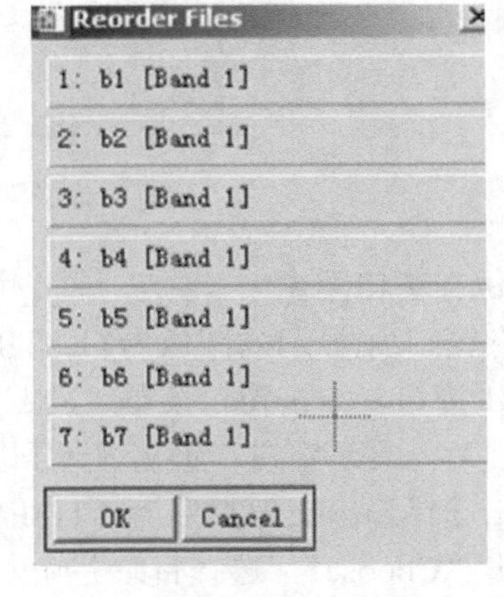

（b）排序新文件中的波段

图 2.24　构建具有 ENVI 标准格式的新图像文件

7. 关闭文件

在“Available Bands List”窗口，点击“File”→“Close All Files”。

注意：关闭显示窗口，并没有关闭文件，要关闭文件，必须使用上述操作。

8. 编辑头文件

编辑图像“AA”头文件。

操作：显示头信息窗口。在头信息窗口点击：编辑属性。

输入如下信息。

波段名称：b1,b2,b3,b4,b5,b6,b7。

波长：取波段的中心波长值。分别为 478.700, 561.000, 661.400, 834.600, 1650.000, 1500.000, 2208.000，使用 nm 作为波长单位。

像素大小：30m。

注意：

B6 的像素大小是 30m 吗？输入 30m 意味着什么？图像文件中的像素大小与遥感传感器的空间分辨力是什么关系？

传感器类型：Landsat TM。

数据中忽略值：0 值。

注意：

图像头文件中"数据中忽略值"一项参数很重要，影响图像的显示和统计的结果（图 2.25）！在获取的图像中，是不会有 0 值的。但是处理变换后的图像可能有 0 值。必须根据图像数据本身的数值范围在计算前进行设定。

默认情况下，0 值被作为正常的像素值，大量的 0 值的存在会降低图像的对比度。

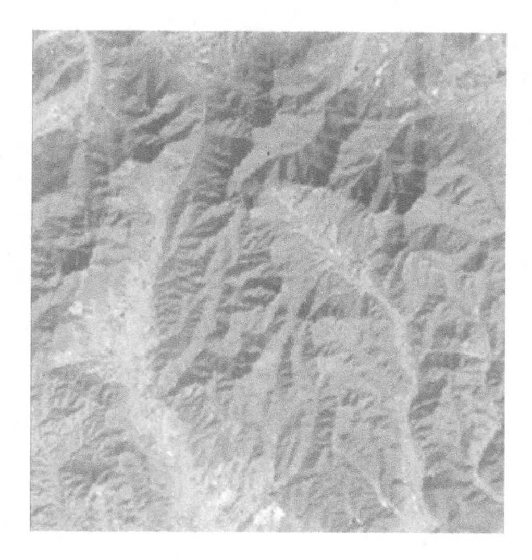

（a）忽略值设置前的（4,3,2）合成显示　　（b）忽略值设置 0 后的（4,3,2）合成显示

图 2.25　参数设置对显示的影响

9. 图像子集

将图像的局部空间或波段子集分离出来，保存为单独的文件。这个过程分别称为创建空间子集和创建光谱子集。

练习：将以玄武湖为中心的 150 列×150 行大小的 1～4 波段数据剪裁保存为新文件。

操作：关闭所有窗口。单色显示第 4 波段。

操作：点击主菜单"Basic Tools"→"Resize Data"。

在出现的输入文件窗口（Resize Data Input File）中，选择 AA。

1）空间子集

剪裁图像，获得图像的子集。

点击空间子集（Spatial Subset），窗口如图 2.26 所示。

剪裁可以通过以下操作实现：①基于显示的图像 Image，在图像上确定矩形范围；②打开的已有文件 File；③其他的矢量文件 ROI/EVF。

这里使用方式①。点击按钮"Image"，出现窗口"利用图像创建子集"（Subset by Image），其中的红框为剪裁后的图像范围。左键点击红框中间移动位置。点击红框的四个角拉伸框的范围。

移动到玄武湖周围，拉伸红框确定范围。输入需要的数据行数和列数。点击"OK"

返回到 Resize Data Input File 窗口。

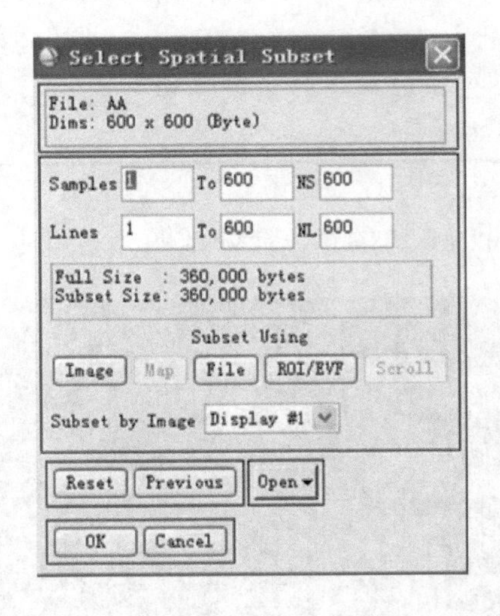

（a）选择空间子集窗口

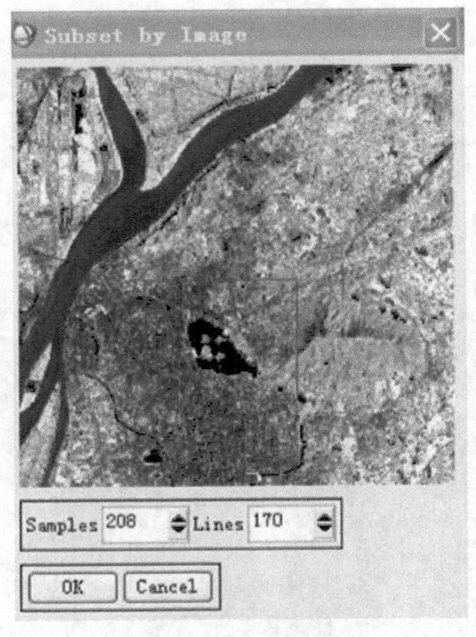

（b）从图像中选择范围子集

图 2.26　图像空间剪裁

2）光谱子集

选择使用的光谱波段（图像特征）。

在 Resize Data Input File 窗口，点击光谱子集（Spectral Subset）按钮。在出现的文件光谱子集（File Spectral Subset）窗口，使用 Shift+鼠标左键选择要保留的波段，确定。在 Resize Data Input File 窗口，点击“OK”。窗口中的几个参数，在学习完几何纠正后会有更好的理解。现在使用默认的参数。保存输出结果到文件：AA_XWH。

对于图像 AA，利用本方法选择 1,2,3,4,5,7 波段，然后保存为 AA_sub 图像。

10. 图像重采样

可以通过重采样来改变图像的整体大小。

对于图像 AA，将空间分辨率分别重采样到 20m 和 60m。

点击主菜单“Basic Tools”→“Resize Data”。

选择图像 AA，确定后，出现改变数据大小参数（Resize Data Parameters）窗口（图 2.27），点击其中的按钮“Set Output Dims by Pixel Size…”（根据像素大小设置输出）。

如果看到输入的 X 和 Y 的像素大小为 1m，那么退出本操作，设置头文件中的像素大小参数。然后重复上述步骤。

像素大小应该为 30m。

对于 20m，输入 X 和 Y 的大小分别为 20m。确定。

注意：Resize Data Parameters 窗口中的 xfac 和 yfac 参数的变化和图像行列数的变化。

保存结果到内存中。

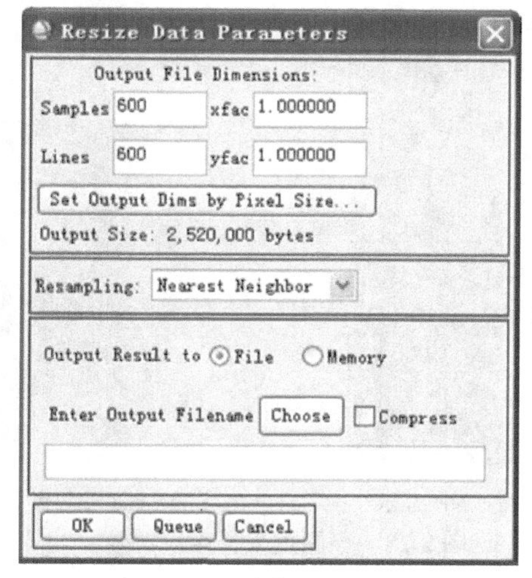

（a）

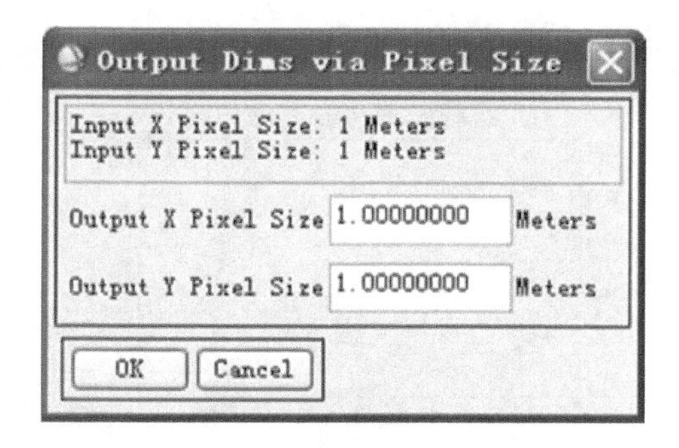

（b）错误的显示，需要设置头文件中的参数

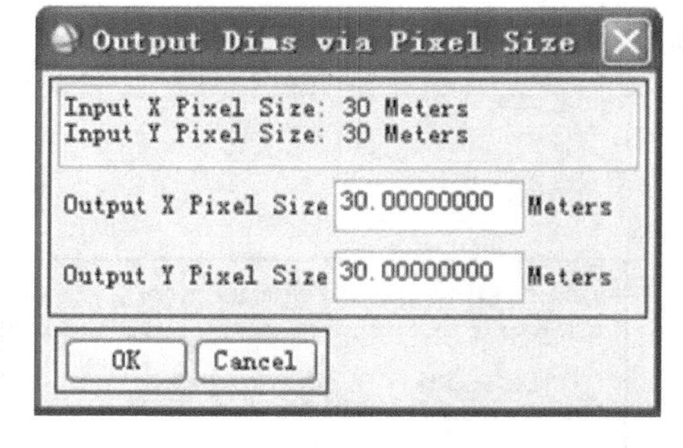

（c）正确的显示

图 2.27　图像重采样

重复上述过程，重采样为 60m。

不同重采样的效果如图 2.28 所示。

问题 2：

使用不同的空间分辨率进行重采样后，图像发生了什么变化？

---

11. 图像统计

1）基本统计量

点击菜单“Basic Tools”→“Statistics”→“Compute Statistics”,对图像 AA 进行统计。选中统计项目：直方图、协方差、协方差图像，确定。设定完成后的对话框如图 2.29 所示（先点击协方差 Covariance，才能显示 Covariance Image 选项）。

统计结果显示在窗口中（图 2.30），其上部是统计绘图，下部是统计的结果。

（a）输出像素大小 20m，缩小 50%显示

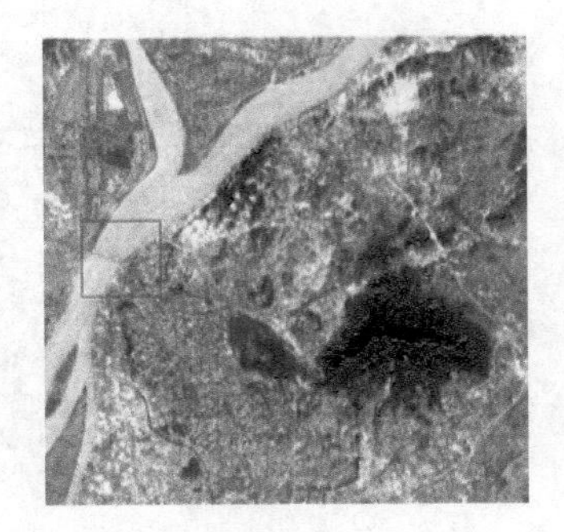

（b）输出像素大小 60m，缩小 50%显示

图 2.28　不同重采样结果比较

Compute Statistics Parameters

Basic Stats　Histograms

Covariance　Covariance Image

Samples Resize Factor 1.00000

Lines Resize Factor 1.00000

Output to the Screen

图 2.29　计算统计参数对话框

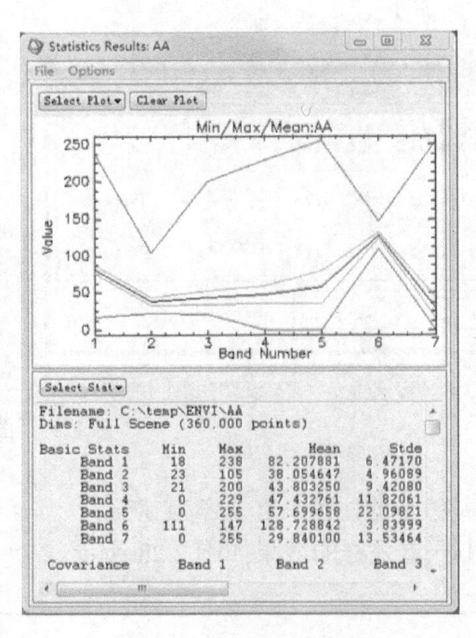

图 2.30　统计结果

点击按钮“Select Plot”（选择绘图），绘制标准差、特征值、直方图等。在出现的绘图窗口，点击右键，进行图形参数设置。例如，点击右键→绘制图例（Plot Key），将在窗口右侧显示图例。

请自行尝试右键菜单中的各个功能项，以便后面的实验中使用。

分别以灰阶的方式显示协方差、相关系数和特征向量图像，连接三个窗口。

双击图像窗口，显示“当前光标”窗口。

在 Zoom 窗口，点击“+”进行放大显示，直到图像内容充满窗口（图 2.31）。

图像中，每个像素为一个波段。使用图像的方式对矩阵的值进行可视化显示。亮度高表示像素值高。对于相关系数，连续的亮度区意味着这些波段之间的相关性高。

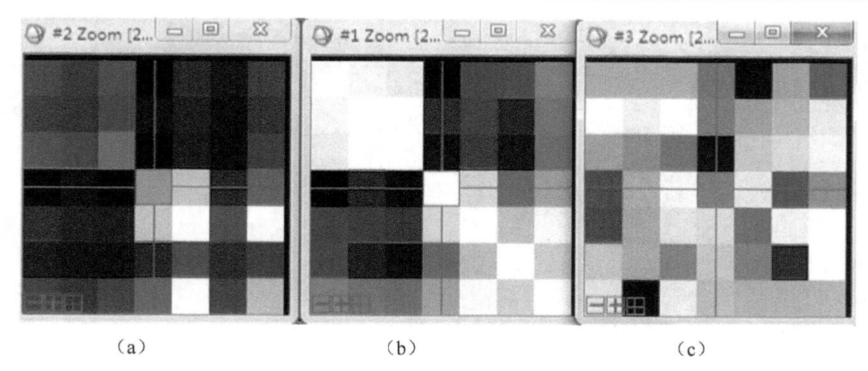

（a）　　（b）　　（c）

图 2.31　多波段统计结果的图像显示

（a）、（b）、（c）依次为协方差、相关系数、特征向量，共 7 行 7 列。相关系数表明，可见光波段（1,2,3 波段）之间具有高的正相关，可见光波段与近红外波段之间具有负相关性

2）纹理

图像纹理是重要的图像特征。ENVI 中可以计算三类纹理：发生纹理，共生纹理，空间自相关纹理。

纹理在主菜单“Filter”→“Texture”中（图 2.32），包括两类：发生测度和共生测度。后者根据图像产生的共生矩阵计算产生。

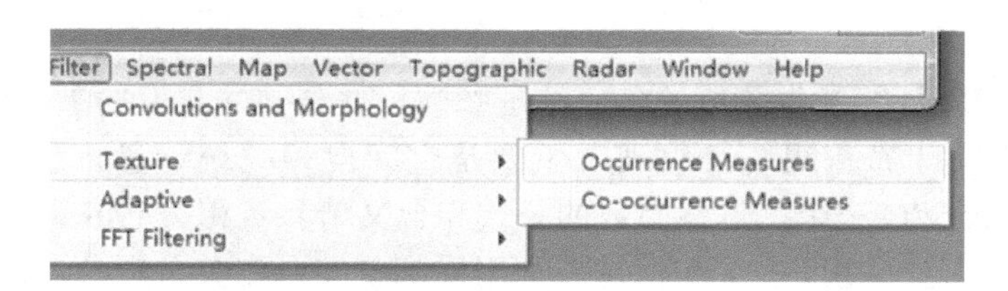

图 2.32　ENVI 中的纹理计算

计算 AA 图像 b4 波段的共生纹理测度，操作步骤如下：

点击主菜单“Filter”→“Texture”→“Co-occurrence Measures”，点击 AA 图像；点击“光谱子集”，选择 b4，确定；在显示的“共生纹理参数”窗口中（图 2.33），使用默认参数，结果保存在内存中。点击“OK”后开始进行计算。

使用灰阶显示各个纹理指标，对比其差异。理解这些指标的含义。

设置共生纹理的偏移量为 5，重新进行计算，查看计算结果，然后将其与偏移量在 1 的结果进行对比。

设置窗口大小为 5×5，偏移量分别为 1 和 5，重复上面计算，比较计算结果。

问题 3：

随着偏移量的增强，哪些参数基本没有变化？哪些参数变化比较明显？哪些指标在长江水体和紫金山的林地变化比较明显？偏移量和窗口大小对纹理参数有什么影响？

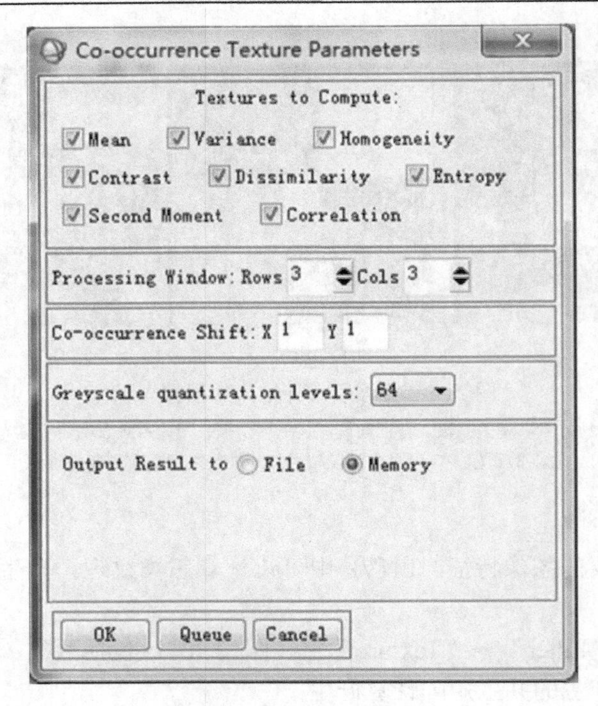

图 2.33　共生纹理参数窗口

使用 b4 波段，计算发生测度的各个纹理参数，并与共生测度的参数进行对比。

ENVI 也可以计算空间统计纹理，主要是空间自相关统计量，包括 Moran's I、Getis-Ord Gi、Geary'C 三个，这些参数的公式和含义请参考相关 GIS 课程中的内容。

空间自相关描述了空间上的相似性。利用局部空间自相关参数，可以计算产生空间统计的纹理。

主菜单："Basic Tools" → "Spatial Statistics" → "Computer Local Spatial Statistics"。

计算 b4 的局部空间自相关统计参数(图 2.34)，理解不同的相邻性规则(Neighborhood Rule）和不同的间隔（Lag）设置对计算结果的影响。

对比分析三类纹理：空间自相关、发生纹理和共生纹理，回答：对于水体和林地，哪个纹理指标具有更好的描述能力？

12. 图像空间、光谱空间和特征空间

关闭所有文件，重新打开文件 AA。

（1）图像空间：使用（4,3,2）合成显示图像 AA，窗口#1。

（2）光谱空间：在图像窗口，点击菜单 "Tools" → "Profiles" → "Z Profile…"。

（3）特征空间：在图像窗口，点击菜单 "Tools" → "2D Scatter Plots…"，选择 Band 4 作为 X 轴，Band 3 作为 Y 轴。

排列窗口如图 2.35 所示。

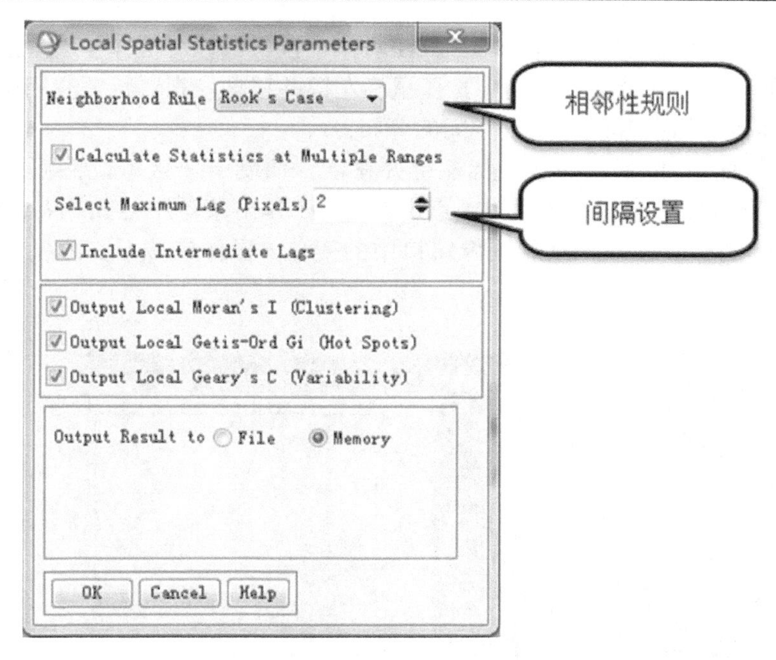

图 2.34　局部空间统计参数窗口

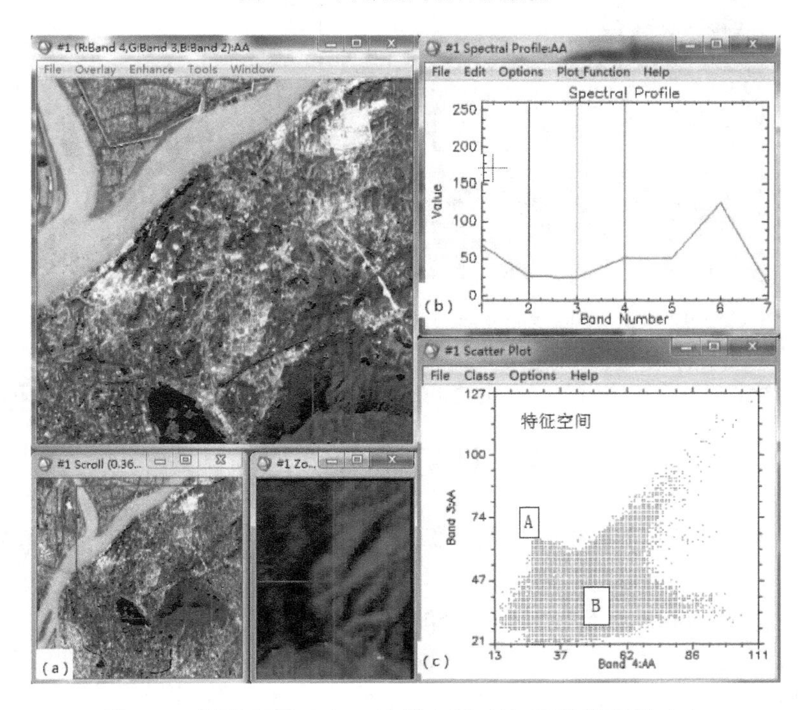

图 2.35　图像空间（a）、光谱空间（b）和特征空间（c）

A 和 B 为下面操作要使用的区域

将光标放在 Image 窗口的矩形框内，拖曳矩形框到长江水体，放开鼠标左键，查看光谱曲线的变化；然后拖曳到紫金山林地，查看光谱曲线的变化。

将光标放在Image窗口的矩形框外，在长江水体中按压鼠标左键并移动，查看特征空间中高亮像素的分布。在紫金山林地中按压鼠标左键并移动，查看特征空间中高亮像素的分布。对比其他地物在B4-B3特征空间的分布。

在特征空间中的A位置，按压鼠标左键并移动，绘制一个区域，然后松开鼠标左键，点击右键，查看图像窗口中的变化。点击右键，在弹出菜单中点击“New Class”，然后在B位置，绘制一个区域，查看图像窗口中的变化。操作完成后，结果如图2.36所示。

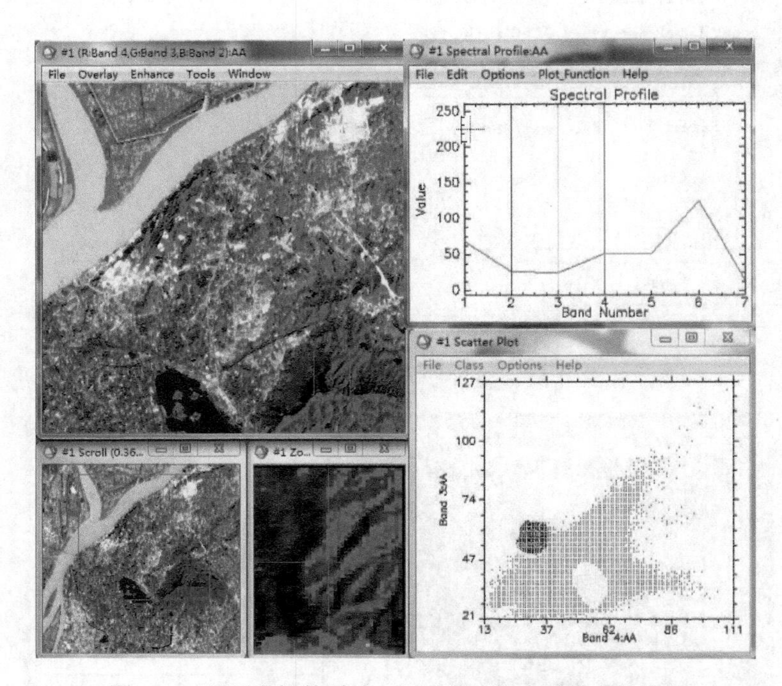

图2.36　不同空间的联动，便于交互探索图像中的信息

尝试光谱空间（图像窗口）、特征空间（散点图窗口）中的其他菜单选项。

四、课后思考练习

（1）实验图像“AA”数据包括几个波段，各波段数据有什么特点？怎么查看这些信息？

（2）图像“BK moon.bmp”包括几个波段，各波段数据有什么特点？

（3）图像“南海之滨.bmp”包括几个波段，各波段数据有什么特点？

（4）问题（2）、（3）中的两个图像与AA图像的差异是什么？

（5）如何连接多个显示窗口？为什么要进行连接显示？有哪些连接方式？

（6）如何将多个单独的图像文件合并为一个数据文件？文件合并的前提条件是什么？

（7）如何将图像窗口显示的图像保存为GeoTIFF格式？如何将图像文件另存为

GeoTIFF 格式？二者之间有什么区别？

（8）图像头文件的作用是什么？如何编辑图像头文件中的信息？

（9）如何进行图像的剪裁？ENVI 中有哪些图像的剪裁方式？

（10）图像的重采样对图像质量有哪些影响？像素大小 30m 的 TM 图像重采样为 1000m 后产生的图像会与对应分辨率和波段的 MODIS 图像相同吗？

（11）图像中的 0 值有什么特殊含义？

（12）如何获得图像的协方差矩阵和相关系数矩阵图像？相关系数值与协方差的值之间具有必然的相关性吗？如何探测其间的关系？

（13）如何计算纹理？如何获得不同地物之间的纹理参数的差异？哪些纹理指标能够区分水体和山区的林地？

（14）举例说明图像空间、光谱空间和特征空间在图像信息探索过程中的应用。

（15）在 ArcGIS 中新建一个矢量面的要素层，并转为栅格图像。要求转出图像的像素大小和空间参考均与 AA 图像相同。

五、程 序 设 计

（1）使用自己熟悉的计算机语言，读入实习目录下的文件 b1…b7，然后合并保存为一个 BSQ 格式的文件，名称为 testnj，并仿照 ENVI 的头文件格式，输出头文件 testnj.hdr。

要求：设计文档中应该包括功能设计、界面设计和伪码。

基本功能：二进制图像文件存取和显示。

（2）编写程序，使用空间 8 相邻，最大间隔 5，计算图像 AA 的局部 Moran’s I 统计量。

实验三　图像合成和显示增强

一、目的和要求

1. 目的

掌握图像合成和显示增强的基本方法，理解存储的图像数据与显示的图像数据之间的差异。

2. 要求

能够根据图像中的地物特征进行图像合成显示、拉伸、图像均衡化等显示增强操作。

理解直方图的含义，能熟练地利用直方图进行多波段的图像显示拉伸增强。

3. 软件和数据

ENVI 软件。

TM 图像数据，包括：①前次实验合并后的图像文件 AA。②本章随书光盘目录下“规定化图像数据”中的图像文件。

辅助数据：本章“参考”目录下的“AA 图像（5,4,3）合成标注.jpg”。

二、实 验 内 容

（1）图像的合成显示。

（2）图像显示的拉伸增强。

（3）图像均衡化。

（4）图像规定化。

三、图像处理实验

通过合成和拉伸增强显示图像中的信息。

图像显示增强的基本流程如图 3.1 所示。打开图像后，根据工作目的选择合成使用的波段进行彩色合成，针对特定的目标或图像整体进行图像的显示增强，可以利用图像的直方图方便地设定图像拉伸使用的阈值。获得合适的显示效果后，保存显示的图像为图像文件。建议使用 GeoTIFF 格式保存显示图像。

1. 图像合成

图像数据：图像 AA。

图像合成方法：伪彩色合成、彩色合成两种方式。其中，彩色合成包括：真彩色合成、假彩色合成、模拟真彩色合成。模拟真彩色合成将在后面图像变换实验中进行练习。

操作：使用（4,3,2）进行 RGB 合成显示图像。图像窗口为#1。

移动图像窗口的红色选框到玄武湖，将光标十字放在红框内，双击，显示光标位置窗口（图 3.2）。该窗口中出现了 Scrn 和 Data，二者后面的 RGB 的值是不同的。

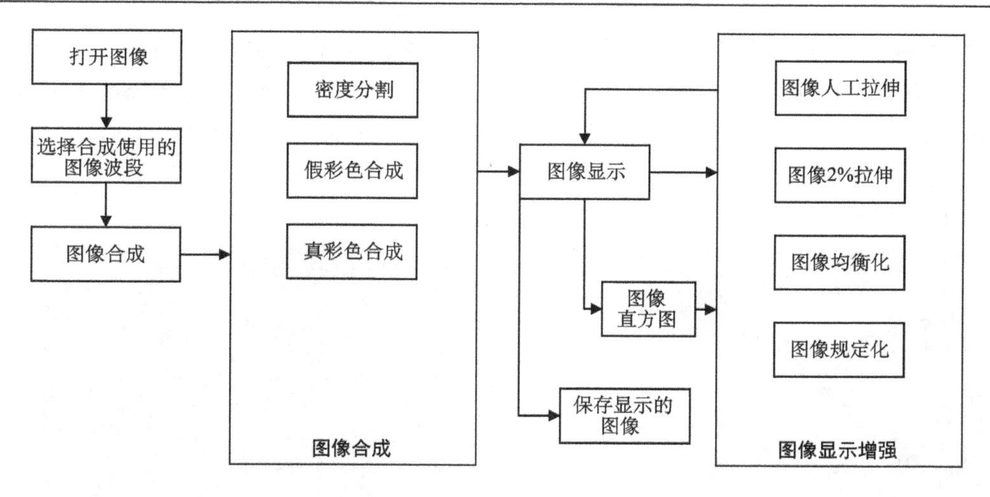

图 3.1　图像显示增强的基本流程

（a）（4,3,2）合成的 Image 窗口示例

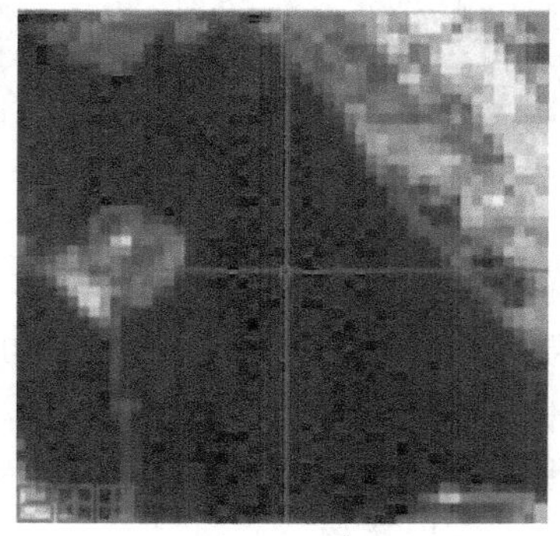

（b）Zoom 窗口

```
File  Options
Disp #1  (2832,1768) Scrn: R:0 G:28 B:48
Data: R:17 G:30 B:31
```

（c）

图 3.2　光标位置的像素值

问题 1：

Scrn 和 Data 值的含义是什么？为什么会有差异？什么情况下二者的值相同？

1）伪彩色合成

伪彩色合成又称密度分割。

在新的窗口显示第 4 波段图像，窗口为#2。

操作：在窗口菜单中单击“Tools”→“Color Mapping”→“Density Slice…”，选择 Band 4，确定。

在 Density Slice 窗口中，点击“应用”按钮，窗口#2 的图像变成了彩色。

设置默认的分级数为 3 个：在 Density Slice 窗口，点击“Options”→“Set Number of Default Range”，输入 3，确定。点击“Options”→“Apply Default Range”，点击“Apply”按钮。

查看窗口#2 内的变化（图 3.3）。

（a）第 4 波段的 Scroll 窗口

（b）分级数为 10 的伪彩色合成结果

图 3.3　密度分割

重复上面步骤，设置分级数为 10，查看图像的变化。

基本的特征是：长江是绿色的，玄武湖是红色的。

在新的窗口显示波段 4，窗口编号为#3。

菜单：窗口菜单“Tools”→“Color Mapping”→“ENVI Color Table…”。

依次点击 Color Tables（图 3.4）中的颜色方案列表，查看#3 图像的变化。

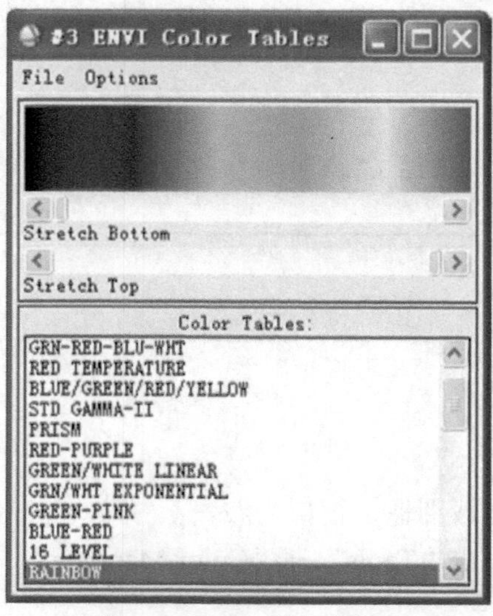

图 3.4　ENVI 彩色表窗口

问题 2：

哪种颜色方案能够突出水陆的差异？

点击 Rainbow 彩色表，查看显示效果。

2）真彩色合成

TM 图像的 3，2，1 分别对应（R,G,B）三个波段范围，所以，（3,2,1）的合成就是真彩色合成。

使用（3,2,1）进行 RGB 合成显示，窗口编号为#4。

3）假彩色合成

任意三个波段合成显示，如果不是真彩色，那么就是假彩色。

窗口#1 中的（4,3,2）合成就是标准的假彩色合成。

使用（5,4,3）进行 RGB 合成显示，窗口编号为#5。

将#1～#5 窗口连接显示，比较不同合成方式的差异：在#5 窗口，点击“Tool”→“Link”→“Link Display…”。按照#1～#5 的顺序排列各个窗口以便于显示（图 3.5）。

图 3.5 不同彩色合成结果的比较

箭头指示了需要判断的地物

问题 3：

1. 哪种合成方法更好地突出了植被与水体的差异？
2. 根据已有的知识判断显示图像的左上角的框内是什么地物？

关闭所有的窗口：点击 ENVI 菜单“Window”→“Close All Display Windows”。

问题 4：

选择 AA 图像中合适的波段进行彩色合成，使得合成后的长江水体以黄色为主色；选择彩色合成的波段，使得紫金山的林地颜色为绿色。写明合成的原理和方案。

2. 图像拉伸

图像拉伸包括：线性拉伸、2%拉伸、高斯拉伸、平方根拉伸、交互拉伸等（图 3.6），常用的是 2%拉伸和交互拉伸。

数据：图像 AA。

流程：图像合成显示—图像拉伸—图像保存。其中，图像保存并不总是必要的。

菜单：图像窗口中的“Enhance”。

拉伸输入的数据可以是：①全景窗口 Scroll；②图像窗口 Image；③放大窗口 Zoom。

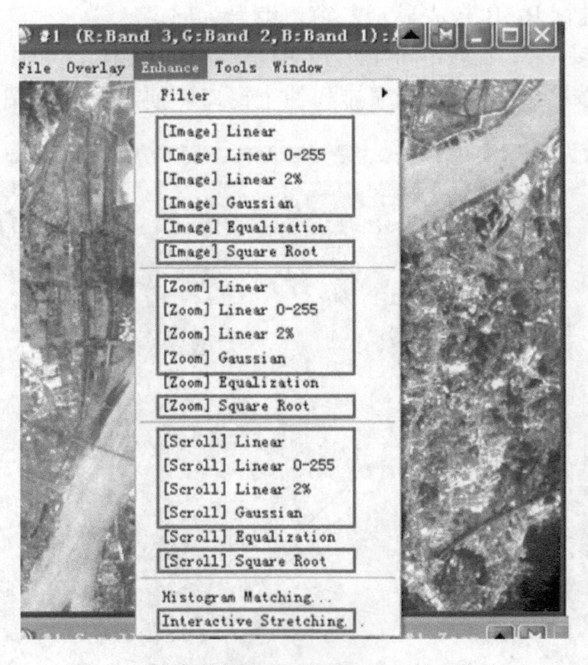

图 3.6　图像的拉伸增强（Image 窗口菜单）

1）窗口图像拉伸

按照（4,3,2）彩色合成显示图像，窗口编号为#1。

依次点击菜单中 Scroll、Image、Zoom 对应 Linear 2%拉伸，查看三个窗口显示的变化。

问题 5：

1. 为什么相同的拉伸方法，选择不同的窗口拉伸，其效果不同？
2. 点击“[Scroll] Linear 0-255”，图像发生了什么变化？

执行上述问题 2 中的操作。双击 Image 窗口中的红色选框，显示光标位置的像素值，可以看到 Scrn 和 Data 后面对应的像素值相同。

点击“[Image] Linear 2%”，这两行的值不同。

问题 6:

为什么会有上述差异？从 Data 到 Scrn，数据是怎么变化的？

ENVI 默认图像打开时进行了 2%的线性拉伸显示。

对于 TM 图像，原始数据为 8 位量化，所以，Linear 0-255 显示原始数据中的全部灰度级，没有经过处理。Linear 2%显示的是经过了拉伸后的图像。

Scrn 是拉伸处理后的图像数据。Data 是存储在硬盘上的图像文件中的数据。

练习高斯、平方根拉伸：将 Image 窗口中的框移动到玄武湖的位置，点击“Zoom Gaussian”。

问题 7:

各个窗口中图像的显示发生了哪些变化？图像中最突出的颜色是什么？

2）交互拉伸

交互是最常用最灵活的拉伸方式，拉伸的效果取决于对图像与直方图关系的理解。

图像拉伸的基本流程如图 3.7 所示。

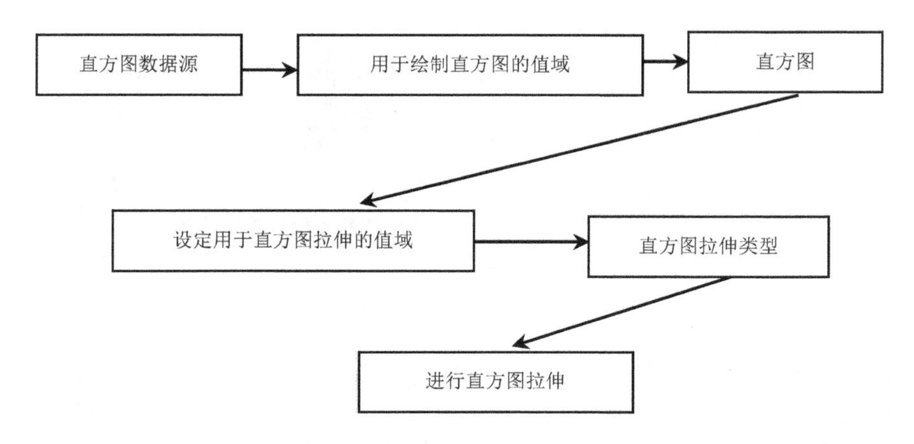

图 3.7　图像拉伸的基本工作流程

点击 Image 窗口菜单“Enhance”→“Interactive Stretching…”，显示初始的图像直方图（图 3.8）。

查看图像直方图，也是进行如上操作。

（1）影响图像直方图的选项。

直方图数据源：通过 Histogram_Source 菜单设置。对于整个图像的直方图，要设置为 Band。不同来源的直方图是不同的。

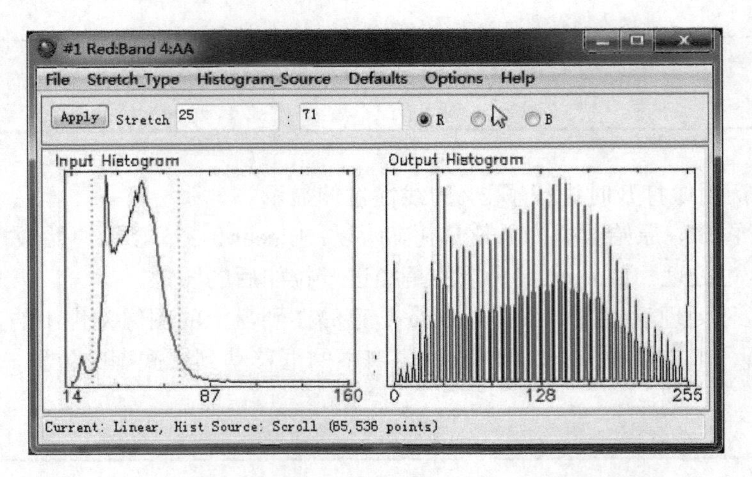

（a）初始的直方图窗口。左侧是输入图像的直方图，右侧是输出图像的直方图

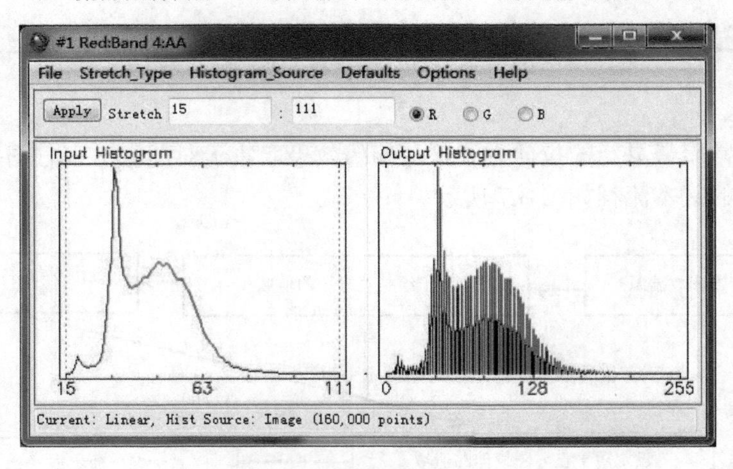

（b）Scroll 窗口的选区框在左上角时的直方图

图 3.8　图像的直方图

直方图的参数：通过“Options”→“Histogram Parameters”设置。参数的设定影响着直方图的输入（设定直方图的值域范围）。

拉伸类型：通过窗口菜单 Stretch_Type 设置。一般使用线性拉伸，影响直方图的输出。

将 Scroll 窗口的选区框移到该窗口的左上角，点击直方图窗口菜单“Histogram_Source”→“Image”，查看图像的变化。移动 Scroll 窗口中的选区，查看直方图的变化。

将 Image 窗口的选区框移到如图 3.9 所示的位置，设置直方图的来源为 Zoom。

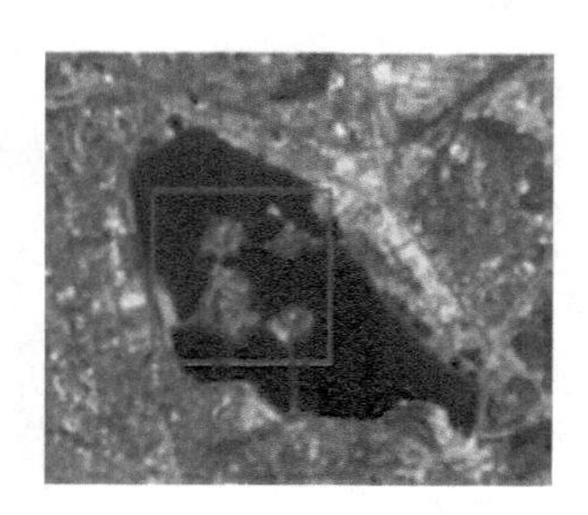

（a）Image 窗口的选区框位置

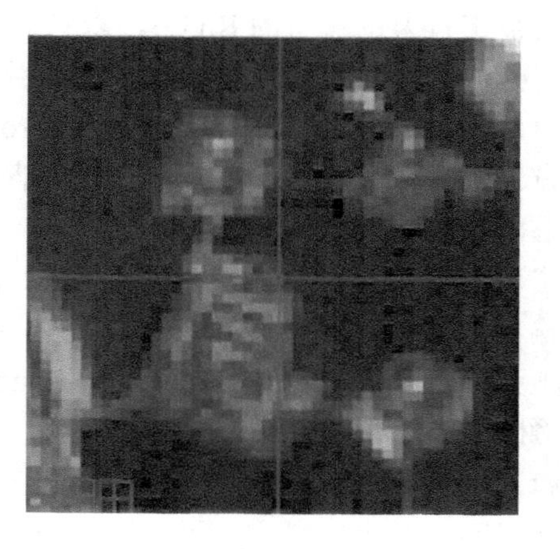

（b）对应的 Zoom 窗口

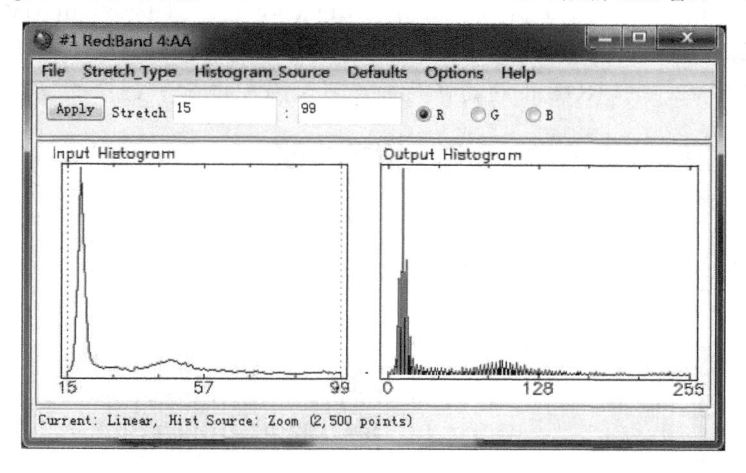

（c）

图 3.9　直方图数据源为 Zoom 窗口时的图像直方图

问题 8：

1. 图像对比度较好时，输出图像的直方图是什么形状？
2. 直方图是什么形状时，图像较暗？

（2）交互拉伸。

在直方图窗口中，输入直方图[图 3.9（c）中的左图]的两个垂直虚线指示了用于拉伸输入的值域。可以通过输入不同的值或直接拖曳这两条线来设定拉伸输入的最小值和最大值，介于这两个值之间的像素值按照指定的拉伸类型被拉伸处理。

将 R 波段（对应 4 波段）的右边界（图 3.9 中的竖虚线）移动到 30，点击“应用”（Apply）按钮，查看图像显示的变化。

移动右边界到不同的位置，点击“应用”，对比窗口显示的变化。

分别点击直方图窗口的 R,G,B，查看对应波段的直方图。

将直方图的输入设置为波段，然后查看 RGB 三个通道的直方图。

在直方图窗口，将默认的拉伸改为 Scroll Linear 2%，然后分别查看 RGB 的直方图。比较直方图的变化。**注意：直方图横轴的含义和坐标值的变化。**

3. 图像均衡化

点击图像窗口："Enhance"→"Scroll Equalization"。查看直方图的变化，特别是输入与输出直方图的形状的对比。

点击菜单"Image"→"Linear","Image"→"Linear 2%"。

4. 图像规定化

对#1 的 Image 窗口进行线性拉伸。

使用（7,4,3）合成显示，窗口编号为#2。查看图像的直方图。

连接#1 和#2 的显示。在#1 窗口，点击："Enhance"→"Histogram Match"（直方图匹配），选择#2 为匹配的参考，输入的图像为 Scroll，确定。

分别比较#1、#2 窗口 RGB 的直方图形状（图 3.10），匹配后图像的直方图比较相似。

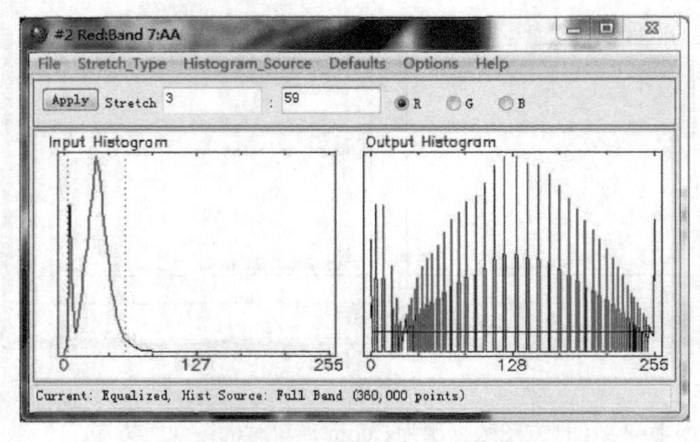

（a）（7,4,3）合成图像的直方图，作为规定化的参考

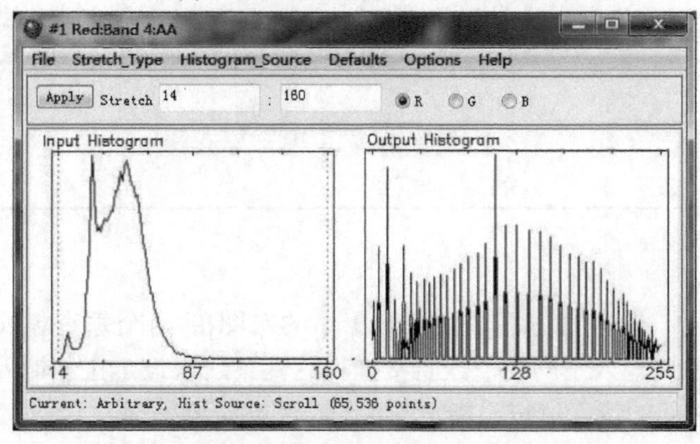

（b）（4,3,2）合成图像的直方图，规定化后的结果

图 3.10　图像规定化

问题 9：

规定化与均衡化有什么区别？

规定化实例：通过直方图的规定化对不同日期的图像进行对比显示。

数据：TM 图像，轨道：119/38，日期：1997 年 1 月 12 日和 1997 年 5 月 4 日。

使用 19970504 的图像作为参考，对 19970112 的图像进行规定化，即将 19970112 的图像显示匹配到 19970504 的图像显示。

分别对两个图像进行（5,4,3）合成显示，然后进行直方图规定化，结果如图 3.11 所示。在规定化前，两幅图像无法直接对比。规定化后，两幅图像可进行对比。例如，1～5 月，图像中的绿色增加，表现了地区季节变化对作物生长的影响。

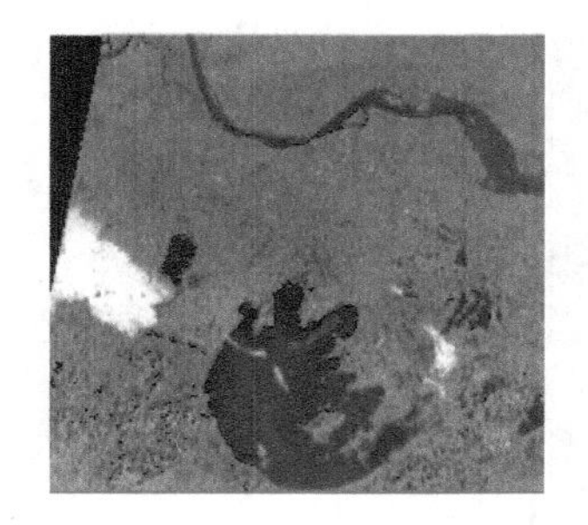

（a）19970112，（5,4,3）合成 2%拉伸

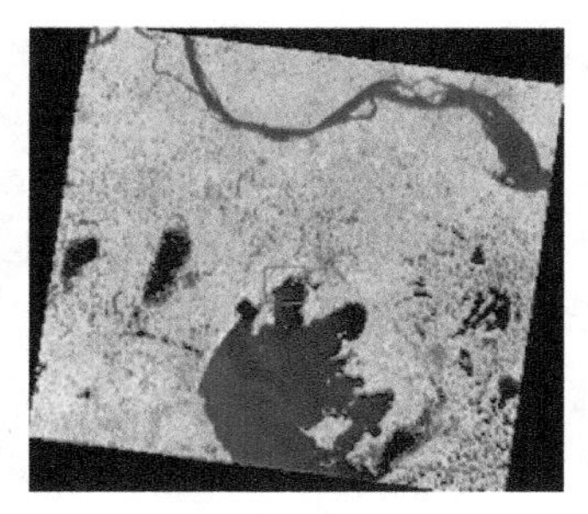

（b）19970504，（5,4,3）合成 2%拉伸

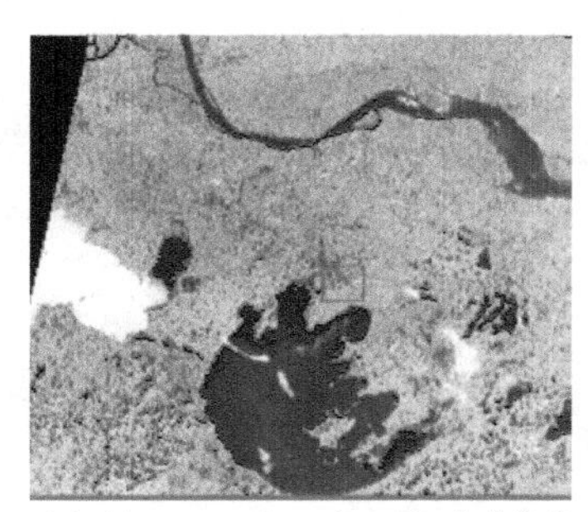

（c）以 19970504，（5,4,3）合成为参照，19970112 图像按照波段进行直方图匹配的结果

图 3.11　图像规定化的效果对比

利用随书光盘本章目录“规定化图像数据”中的图像进行实验。这些图像是完整的一景图像的局部剪裁。

（1）确定使用的图像。打开“th19970504”，在#1 窗口（5,4,3）合成显示。打开“THL519970112”，在#2 窗口（5,4,3）合成显示。

（2）直方图规定化。在#2 窗口，点击菜单增强→图像规定化…（“Enhance”→“Histogram Matching…”），选择#1 的 Scroll 作为直方图的输入，确定。

（3）对比分析。对比#1 和#2 在规定化前后显示的变化。

显示 B4-B3 的特征空间图。

在#2 窗口，点击菜单“File”→“Save Image As”→“Image File…”。

把规定化后的图像保存为 ENVI 格式的图像文件“THL519970112_543HM”，目录为实验设定的结果目录。

打开 THL519970112_543HM，按照默认的 RGB 合成显示，编号为#3 窗口。连接#2～#3 窗口。**注意：这里的 RGB 对应原来的 5，4，3 波段。显示 B-G 的特征空间图。**

对比#2 散点图与#3 散点图的差异。

使用 Image、Zoom、Band 等作为输入直方图进行图像的规定化，对比结果的差异。

5. 保存显示图像

继续上面的实验，保存匹配后的显示图像到图像文件中。

在#2 窗口，点击菜单“File”→“Save Image As…”→“Image File…”，显示“输出显示到图像文件”（Output Display to Image File）对话框，设置输出的文件类型为GeoTIFF，选择输出的文件名，点击“确定”。设置完成后的窗口如图 3.12 所示。

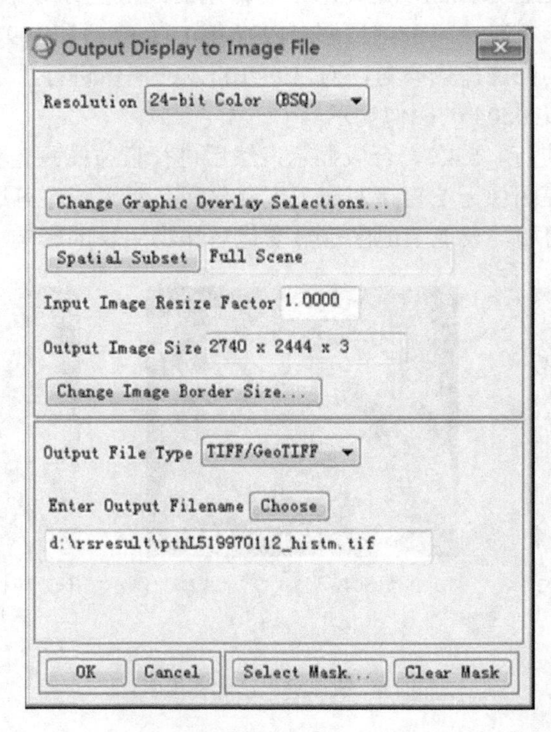

图 3.12　保存显示图像到图像文件

四、课后思考练习

（1）图像拉伸与哪些图像基本操作结合才能进行有效的显示增强？

（2）如何确定直方图交互拉伸需要的输入参数值？

（3）如何增强显示 Zoom 窗口中的图像？

（4）直方图的均衡化与规定化有什么区别？

（5）影响图像直方图的因素有哪些？

（6）图像直方图的数据源有哪些？改变直方图参数对直方图有什么影响？有哪些拉伸方法？如何设定直方图灰度级的范围？

（7）如何利用多窗口连接方法对比不同合成图像的差异？

（8）如何保存合成后的图像和显示增强后的合成图像？

（9）不同的直方图输入对规定化后的图像有什么影响？

（10）如何对比评价规定化前后的图像差异？有哪些方法？

五、程 序 设 计

对于图像数据 AA，编写程序，显示图像直方图，实现基于用户输入拉伸范围的图像线性拉伸、2%线性拉伸、直方图均衡化和规定化，使用不同窗口对比显示拉伸效果。

六、课 外 阅 读

（1）夏昆冈，快速反差对焦的秘密， http://www.soomal.com/doc/10100003793. htm，2013.02.24。

利用图像的直方图也可以进行照相机的对焦。这篇文档给出了其基本原理，可以拓展直方图应用的思路。

（2）Peter Kovesi et al.，CET Interactive Image Blending Tools，2012。

该网站提供了一个新的图像显示方式，强烈建议访问并尝试。

（3）Saleem S A et al., Survey on color image enhancement techniques using spatial filtering.International Journal of Computer Applications，2014, 94（9）：39-45。

（4）Bourke P, Histogram Matching，2011，网址：http://paulbourke.net/texture_ colour/equalisation/。

实验四　遥感图像的校正

一、目的和要求

1. 目的

对遥感图像进行辐射校正和几何精纠正。

2. 要求

1）辐射校正要求

掌握辐射校正的基本操作，能够对比辐射校正结果，根据工作要求选择适当的校正方法进行辐射校正。

2）几何精纠正要求

能够熟练利用地图、GPS 测点数据或具有投影的图像对遥感图像进行几何精纠正。

能够正确地选择几何纠正中的各种参数。

能够对纠正结果进行误差评价。

掌握几何精纠正的基本方法和操作要点。

能够自定义地图投影并进行图像的投影转换。

二、辐射校正实验

（一）软件和数据

（1）ENVI 软件。

（2）ENVI 的扩展工具，来自于 ENVI-IDL 技术殿堂的博客。

网址：http://blog.sina.com.cn/s/blog_764b1e9d0100qmrq.html。

光盘目录：图像校正\地形校正\ Topo_correction.sav。

在实验前拷贝到默认的安装目录：C:\Program Files\Exelis\ENVI53\ classic\save_add。

（3）TM 图像数据。日期：19971018，path/row 为：120/38，完整的一景图像。

光盘目录：图像校正\L5TM 数据\19971018。

（4）DEM 数据。用于地形辐射校正。光盘目录：图像校正\地形校正\DEM30m。

本实验使用的是原始 TM 图像，数据量较大。累计文件存储需要的空间约为 20G。

（二）实验内容

本实验使用波段运算进行数据处理，因此，建议学习完图像变换一章后进行。有关波段运算的具体内容，请参阅下一个实验。

（1）计算大气顶面反射率。利用辐射定标参数，计算大气顶面反射率。

（2）相对大气校正。使用直方图方法和暗像元法进行相对大气校正。

（3）基于模型的大气校正。使用 FLAASH 模型进行大气校正，使用 QUAC 方法进行快速大气校正。

（4）DEM 进行辐射的地形校正。

（5）校正结果对比。

（三）图像处理实验

辐射校正需要考虑的问题较多，应该尽可能使用原始图像进行辐射校正。

辐射校正实验的基本流程和文件如图 4.1 所示。共产生 8 个主要的辐射校正文件。

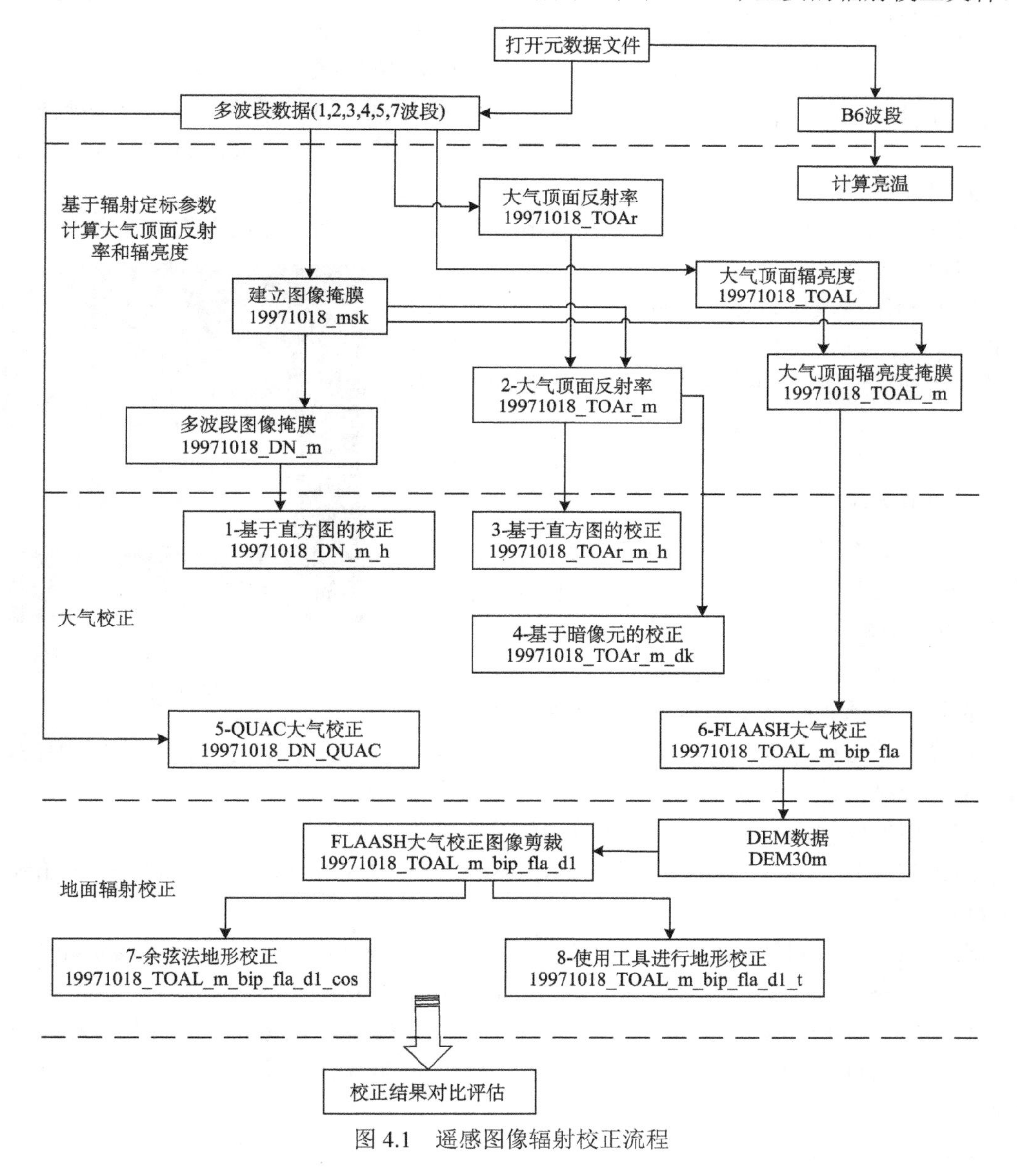

图 4.1 遥感图像辐射校正流程

1. 显示图像

打开图像，选择文件：LT51200381997291HAJ00_MTL.txt。

```
LT51200381997291HAJ00_MTL.txt
  TM Meta (Band 6) (11.4350)
  Map Info
LT51200381997291HAJ00_MTL.txt
  TM Meta (Band 1) (0.4850)
  TM Meta (Band 2) (0.5690)
  TM Meta (Band 3) (0.6600)
  TM Meta (Band 4) (0.8400)
  TM Meta (Band 5) (1.6760)
  TM Meta (Band 7) (2.2230)
  Map Info
```

图 4.2　L5 TM 图像中的可用波段列表

系统自动按照波段划分，分为两部分显示（图 4.2）。上面的为 6 波段，下面的为 1,2,3,4,5,7 波段。因为经过了重采样，所以 6 波段的文件大小与其余的 6 个波段相同。

2. 建立图像掩膜

图像中存在无效的数据区，需要进行掩膜，以获得有效的统计数据。

建立图像的掩膜文件：

（1）利用波段运算[①]转换为浮点数的数据。float（b1），b1 对应包括 6 个波段的原始数据文件，保存到内存中。

（2）（7,3,1）合成图像，查看图像边缘值（图 4.3），表明各个波段图像上下比较一致，但左右边缘的差异较大。

（3）利用波段运算建立掩膜图像：b1*b2*b3*b4*b5*b7 gt 0，即只有这些波段的值全部大于 0 才作为有效的数据（图 4.4）。b*i* 对应转换为浮点数的各个波段。保存文件为 19971018_msk。

利用波段运算的乘法对多波段数据文件进行掩膜，无效值为-1：

b1*（b2 eq 1）-1*（b2 eq 0）

式中，b1 为原始的 DN 文件，b2 为掩膜图像。结果保存为 19971018_DN_m。

图 4.3（7,3,1）合成，查看图像左边缘的像素值

3. 计算大气顶面反射率

待校正的遥感数据要包括元数据文件，其中有辐射校正需要的定标参数。如果图像经过了剪裁合成等，而不是原始的遥感数据，则需要自行从元数据文件中提取定标参数，然后利用公式进行计算。

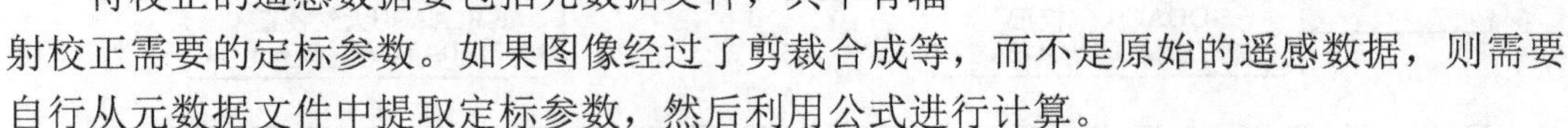

实验用的图像为完整的原始遥感数据。

点击主菜单“Basic Tools”→“Preprocessing”→“Calibration Utilities”→“Landsat Calibration”。

选择最初打开的具有 6 个波段的数据（1,2,3,4,5,7 波段），确定；显示 Landsat 定标的对话框（图 4.5）。系统自动从元数据文件中获得相关的信息。

计算大气顶面的反射率，保存文件为 19971018_TOAr ，确定。反射率大小为 0～1。

重复上述过程，计算大气顶面的辐亮度（Radiance），保存文件为 19971018_TOAL ，确定。

① 相关操作见“实验五　图像变换”中的“波段运算”小节。

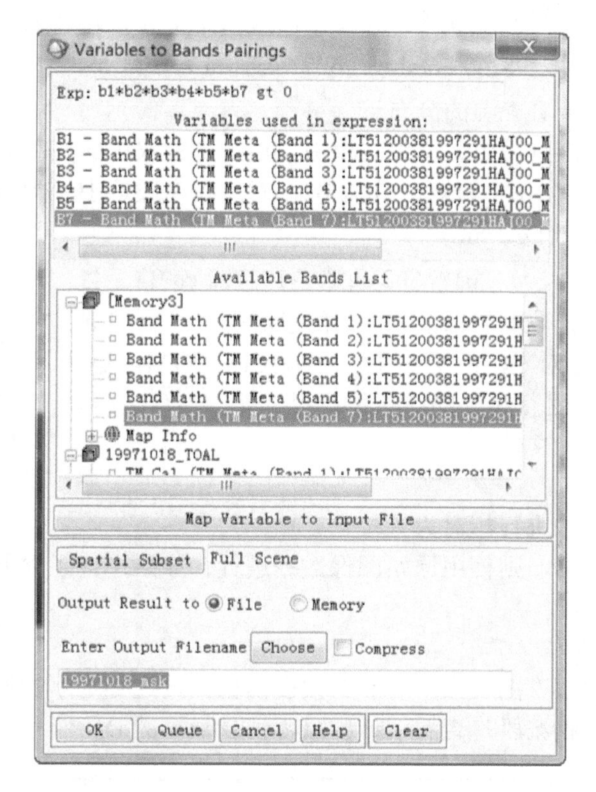

图 4.4　建立掩膜图像

图 4.5　TM 图像的定标，计算反射率

重复上述过程，计算波段 6 的辐亮度，然后根据下述公式转换为亮温温度（℃）：

1260.56/alog（607.76/b1+1）-273.15

进行密度分割，查看亮温的分布。

对比长江水体、南京城市、山地的植被、城市外的农田的亮温的差异。

使用掩膜文件 19971018_DN_m 作为 b2，对反射率数据 19971018_TOAr 进行掩膜，保存为文件 19971018_TOAr_m：

b1*（b2 eq 1）-1*（b2 eq 0）

编辑头文件，设置数据忽略值为-1。传感器类型：Landsat TM。

使用该表达式对辐亮度数据 19971018_TOAL 进行掩膜，保存为文件 19971018_TOAL_m，进行相同的头文件设置。

关闭辐亮度相关的文件。

4. 相对大气校正

利用暗像元等方法进行相对大气校正。

如果没有辐射定标，则使用原始图像数据进行。如果进行了辐射定标，则使用了定标后的数据。

1）基于直方图的校正

（1）原始图像的直方图校正。对 6 个波段图像数据进行基本的掩膜统计（图 4.6）。注意：一定要设置掩膜波段！查看统计结果，记录最小的 DN 值。

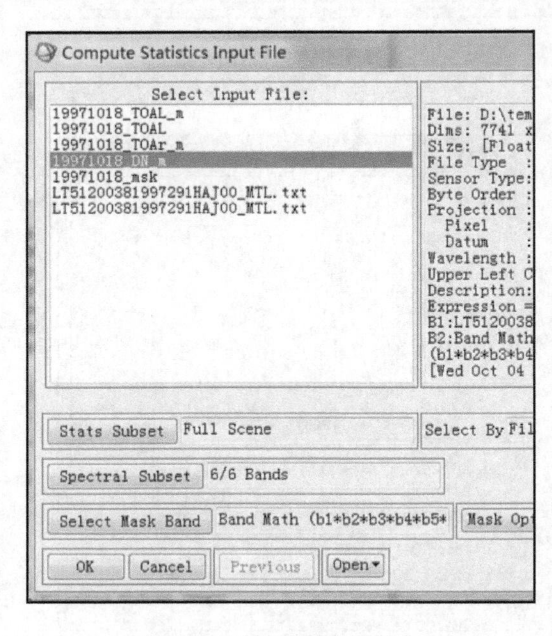

图 4.6　反射率图像的统计

以最小的 DN 值作为散射的贡献 c，利用波段运算进行校正：

（b1-c）*（b1 gt c）

式中，b1 分别为 1～4 波段；c 为对应的最小 DN 值。分别计算各个波段的校正值，保存到内存中，然后，将校正结果同 b5,b7 的 DN 波段合并，保存为 19971018_DN_m_h。

关闭临时的内存文件。

（2）大气顶面反射率的直方图校正。数据文件：19971018_TOAr_m。

进行相同的操作，合并校正后的波段和 19971018_TOAr_m 中的 b5,b7 波段，保存结果文件为 19971018_ TOAr_m_h。关闭临时文件。

2）暗像元大气校正

数据文件：19971018_TOAr_m。

（1）估计暗像元。通过图像统计和密度分割来估计暗像元。

进行图像统计，选择掩膜波段，查看统计结果。b1,b2,b3,b4 波段反射率的最小值分别为 0.012536，0.052378，0.034213，0.036469。

显示 1 波段图像，窗口#1。

对#1 窗口的波段进行密度分割，设置最小值为 0，然后应用默认分级。显示表明反射率最低的区域为右下方，蓝色。使用 0.1 作为密度分割的最大值，最小值仍然为 0，然后应用默认分级。查看显示为暗红色的部分（第 7 个分级），移动光标到该部分。

（3,2,1）合成显示图像，窗口#2；对 Image 窗口进行 2%拉伸。连接两个窗口。

分别以（4,3,2），（5,4,3）合成图像，在#2 窗口显示，进行对比（图 4.7）。

（a）b1 反射率图像，密度分割

（b）（3,2,1）合成图像，2%拉伸

图 4.7　低反射率区域

可以看到，低反射率的部分为山区的阴影。密度分割中暗绿色的部分为山区的林地。

在#1 窗口显示 7 波段，重复上述操作。可以看到，在 7 波段，最低的反射率出现在水体中。

统计 7 波段的直方图，附加掩膜波段。结果表明，b7 波段中，反射率低于 0.35%（统计结果的窗口中，DN 对应的值为 0.003588）的有 19562 个，主要出现在**行列**位置的（5814,4199）的湖泊中。注意，在 ENVI 的像素定位对话框中是先列后行。

问题 1：

如何确定低反射率的区域？

在#1 窗口，定位到上述位置，显示 2D 绘图（图 4.8），数据来源：19971018_TOAr_m。b7 为 x 轴；b7-bi，i 为 1,2,3,4,5,7 波段。依 image 窗口大小的设定不同，散点图有所不同。改变 image 窗口大小，查看散点图的变化。使用 y 轴最低值作为散射的贡献。

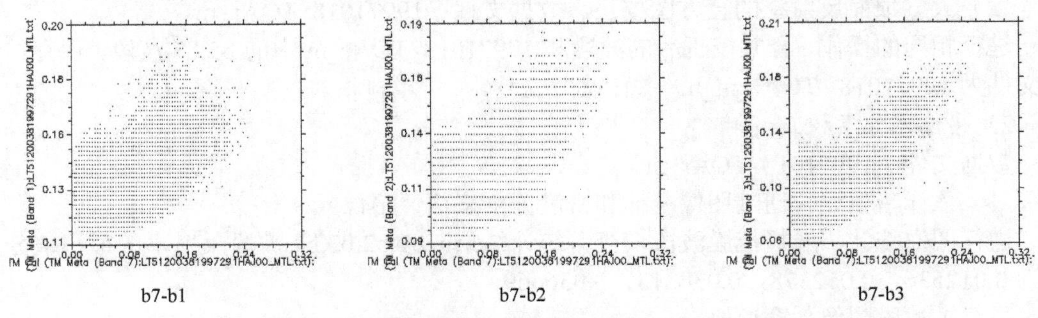

b7-b1　　b7-b2　　b7-b3

图 4.8　低反射率区域 b7 波段与可见光波段的关系

由此，估计各个波段的校正值为：0.1,0.07,0.05,0.04。

（2）暗像元校正。利用波段运算进行校正：(b1-c)*(b1 gt c)。其中，b1 分别为 1,2,3,4；c 为上述对应的数值。然后将校正后的各个波段连同 5、7 波段的反射率保存为文件：19971018_TOAr_m_dk。编辑头文件中 1～4 波段名称为 bIrdk（I 为 1,2,3,4，对应波段编号），5,7 波段的名称为 b5r,b7r。

（3）校正结果对比。使用（3,2,1）合成显示对比校正的结果，#1 为原始图像掩膜后的 DN，#2 为其直方图校正结果，#3 为大气顶面反射率，#4 为其直方图校正结果，#5 为其暗像元校正结果。连接各个窗口。

分别显示各个窗口当前位置的光谱：在 Image 窗口菜单，点击“Tools”→“Profiles”→“Z Profiles…”。

移动光标到水体、绿色植被、道路、城市，对比不同校正结果的光谱值和光谱形状的差异。

5. 基于模型的大气校正

1）使用 FLAASH 模型进行大气校正

数据文件：19971018_TOAL_m。

（1）转换为 BIP 格式的文件，保存为：19971018_TOAL_m_bip。

操作：点击主菜单“Basic Tools”→“Convert Data”。

（2）进行大气校正。

操作：点击主菜单“Basic Tools”→“Preprocessing”→“Calibration Utilities”→“FLAASH”。

建立临时目录：d:\temp\temp，设置文件和目录。

设置完成后的窗口见图 4.9。

选择转换的 bip 文件为输入，在弹出 Radiance Scale Factors 对话框中，选择“Use single scale factor for all bands”，设置参数因子为 10[注：设置参数因子为 10 是因为经过定标后的辐射亮度（辐射率）数据的单位是 W/（m^2 • sr • μm），而 FLAASH 大气校正模块要求的单位是 μW/（cm^2 • sr • nm），且 W/（m^2 • sr • μm）= 0.1 μW/（cm^2 • sr • nm），

所以此处设置参数因子为10]。

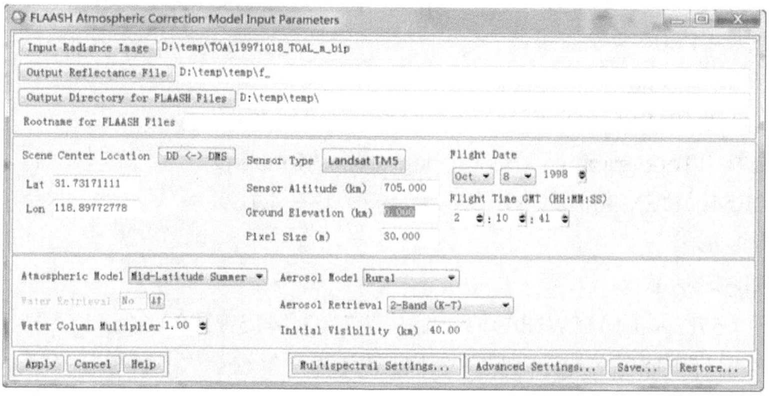

图 4.9　FLAASH 大气校正的基本设置

输出的反射率文件：d:\temp\temp\f_。

输出目录：d:\temp\temp\。

其他设置：传感器类型：Landsat TM5，日期：19981008。飞行时间：2:10:41（从元数据文件 LT51200381997291HAJ00_MTL.txt 中获取，数据项：SCENE_CENTER_TIME）。大气模型：中纬度夏季（因为 10 月的天气比较炎热，不能使用中纬度冬季的模型）。气溶胶模型：Rural。

点击“Multispectyal Settings…”按钮，设置气溶胶反演为默认的选项 2，保持其他不变，确定。

点击“Save…”，保存当前的设置为：19981008_fla。

点击“Apply”，进行计算。

计算完成后，将计算结果除以 10000，使得数据值分布在[0,1]：float（b1）/10000[注意：可能会出现过校正情况，即有负值存在，主要发生在水体中。解决的方法是将其设为最小的值，如 0.001。可通过后面的波段运算方法解决：0.001*（b1 lt 0）,b1 对应待处理的波段，lt 的含义是小于]。

结果图像保存为 19971018_TOAL_m_bip_fla。

2）使用 QUAC 方法进行快速大气校正

数据文件：原始图像 6 波段多光谱文件。

操作：点击主菜单“Basic Tools”→“Preprocessing”→“Calibration Utilities”→“Quick Atmospheric Correction”。保存结果到内存。确定。

计算完成后，将计算结果除以 10000，使得数据在[0,1]，结果图像保存为 19971018_DN_QUAK。

关闭所有临时文件。

6. 地形校正

打开 DEM 文件：图像校正\地形校正\DEM30m。

剪裁 FLAASH 校正结果与 DEM 大小相同，保存为 19971018_TOAL_ m_bip_fla_d1。

查阅元数据文件，图像的太阳高度角为 42.3°，则天顶角为 90°–42.3°=57.7°。图像的方位角为 146.0°。

1）使用余弦法校正

（1）计算坡度和坡向。

点击主菜单“Topographic”→“Topographic Modeling”。

输入的 DEM：DEM30m。输出结果到内存（图 4.10）。

（2）进行地形校正。

波段运算的表达式为

b1×（cos（57.7×3.14159/180）/（cos（57.7×3.14159/180）×cos（b2×3.14159/180）+sin（57.7×3.14159/180）×sin（b2×3.14159/180）×cos（（146-b3）×3.14159/180）））^0.8

可打开表达式文件直接使用：ra_dem.exp。

表达式中，b1 为剪裁后的 FLAASH 校正结果；b2 和 b3 为计算产生的坡度和坡向。各向异性指数为 0.8。

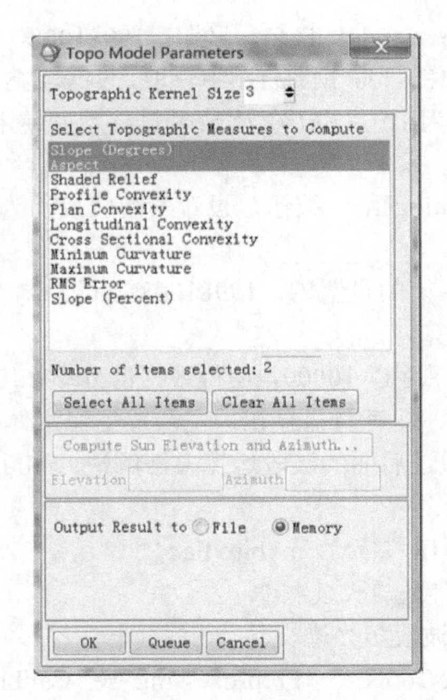

图 4.10　计算坡度和坡向

保存结果为 19971018_TOAL_m_bip_fla_d1_cos。

2）使用工具进行校正

操作：点击主菜单“Spectral”→“Topo Correction”。

待校正文件：19971018_TOAL_m_bip_fla_d1。

数字高程文件：DEM30m。

太阳高度角和方位角同上。地形的核（窗口大小）为 3。

输出结果：19971018_TOAL_m_bip_fla_d1_t。

7. 结果对比

上述工作产生的校正结果如表 4.1 所示。

表 4.1　图像辐射校正列表

编号	校正说明	文件
1	图像 DN 的直方图校正	19971018_DN_m_h
2	图像大气顶面反射率	19971018_TOAr_m
3	图像大气顶面反射率的直方图校正	19971018_ TOAr_m_h
4	图像大气顶面反射率的暗像元校正	19971018_TOAr_m_dk
5	图像 DN 的直方图 QUCK 校正	19971018_DN_QUAK
6	图像 FLAASH 大气校正	19971018_TOAL_m_bip_fla_d1
7	图像 FLAASH 大气校正+cos 法地形校正	19971018_TOAL_m_bip_fla_d1_cos
8	图像 FLAASH 大气校正+地形校正	19971018_TOAL_m_bip_fla_d1_t

1）光谱对比

在不同的窗口，分别进行（4,3,2）合成，然后连接。选择水体、林地、建设用地的部分区域，对比不同校正的光谱曲线的差异，包括光谱曲线值和光谱的形状。根据已知的地物光谱信息和特征，确定合理的校正结果。

2）统计分析

利用矩形 ROI 工具（图像分类一章有介绍）选择典型的水体、林地、建设用地的部分区域，获取统计数据，填写如表 4.2 所示的内容。以 1,5 为一组，2,3,4,6 为一组，6,7,8 为一组，对比组内波段 1 和波段 4 的统计差异，对比各波段光谱均值的差异。

表 4.2　不同校正结果的统计对比

校正编号	林地		水体		建设用地	
	均值	标准差	均值	标准差	均值	标准差
1						
2						
⋮						
8						

（四）课后思考练习

（1）如何确定辐射校正结果是否合理、有效？依据是什么？

（2）在哪些情况下，必须进行精确的辐射校正？

（3）列举不同遥感应用需要的辐射校正方法。

（4）如何检查并处理 FLAASH 校正后图像中的异常值？

（五）课外阅读

（1）上网访问 ENVI-IDL 技术殿堂的博客，获得更多的关于 FLAASH 校正中参数设置的细节。网址：http://blog.sina.com.cn/s/blog_764b1e9d0102v59e.html。标题：辐射定标和大气校正。

（2）阅读光盘中“文档”子目录中的文件：HG_ENVI_ACM_module_data-sheet_WEB.pdf。

（3）阅读光盘中文档“TM 遥感图像 FLAASH 大气校正异常值的改正”，编写程序，改正图像中的异常值。

三、几何精纠正实验

（一）软件和数据

ENVI 软件。MapInfo 软件（V9 或更高版本）或 ArcGIS 软件。

TM 图像数据。合成后的图像数据文件 AA。

地面参考数据：光盘中目录“图像校正\参照数据\MapInfo”（用于 MapInfo，默认）；光盘中目录“图像校正\参照数据\shape”用于 ArcGIS。

（二）实验内容

根据 MapInfo 格式的矢量数据，对南京市 Landsat5 的 TM 图像进行几何精纠正。受保密等影响，在此只提供一个基本的能够用于图像纠正实验练习的地图数据。

图像的几何精纠正有两种方式，图像-地图和图像-图像。

（1）图像-地图方式是使用地图作为标准参考对图像进行纠正，这些地图一般是地区的基础地理信息，或全要素的地形图。

（2）图像-图像方式是以其他图像作为参考进行纠正。作为参考的图像可以具有投影坐标，也可以不具有投影。如果是后者，往往称为相对纠正。例如，进行变化探测分析时，图像必须纠正到相同的坐标系，相互配准。

如果安装了 MapInfo，则可使用图像-地图的纠正方式；如果没有安装 MapInfo，则只能练习图像-图像纠正。本实验同时提供了用于 ArcGIS 的 mxd 文件和相关的 shape 文件。

基本的图像几何纠正的总体流程如图 4.11 所示。

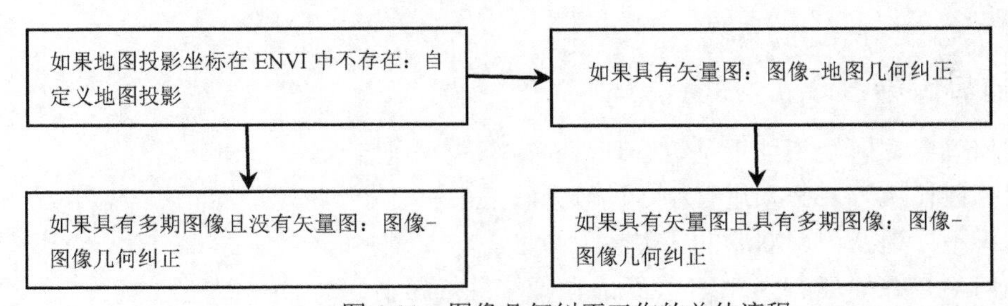

图 4.11　图像几何纠正工作的总体流程

（1）图像-地图几何精纠正。

（2）图像-图像几何精纠正。

（3）自定义地图投影。

（4）图像投影转换。

（三）图像处理实验

先进行图像-地图的纠正实验，然后进行图像-图像的纠正实验。

1. 图像-地图几何精纠正

1）几何精纠正的步骤

（1）图像剪裁。根据研究区域的范围对图像进行初步的剪裁。

（2）获取 GCP 点。首先从待纠正的图像上找到标志点，然后从地图或其他图像上获取 GCP 点。

（3）选择坐标和投影。

（4）输入 GCP 坐标。

（5）选择纠正方程和重采样方法。

（6）进行纠正。

（7）评价纠正结果。

2）获取地图信息

对于图像-地图的方式，可以选择从地图上直接量测参考的 GCP 点。对于电子地图，则需要使用 GIS 软件来获取 GCP 点。

本实验假设具有了作为参考的矢量图，使用 MapInfo 作为 GIS 软件的代表。

运行 MapInfo9.0 软件（MapInfo 9.5 以后图层控制界面与本部分略有区别），默认安装在 C:\Program Files\MapInfo\目录中。

如果使用的是 ArcGIS 10.x 软件，其数据在本实验的“shape”目录中（光盘文件），通过 JZ.mxd 打开。如果地图不显示，请设置正确的数据源。相关的操作参阅 ArcGIS 文档。

（1）显示地图。打开工作空间文件“C4 几何纠正\nj city.WOR”，显示使用的地图。该地图系南京旅游图使用手持 GPS 纠正后的图像，仅用来练习工作。实际工作中，需要打开 1∶5 万（对于 TM 图像，也可以使用 1∶10 万）的地形图电子数据。

地图窗口包括两个图层：测点位置和 DSCF0077。其中，“测点位置”为矢量图，内容为实测的手持 GPS 坐标点，后面实验中建立的 GCP 点也保存在本图层中。“DSCF0077”为扫描的南京市旅游图。

当前的地图投影设定为高斯-克吕格投影，6°分带，20 带。

（2）查看地图投影。在 MapInfo 中获取当前地图的投影信息。

操作：点击“Map”→“Option”→“Projection”。显示如图 4.12 所示。

（3）获取点位坐标。操作：设置“测点位置”图层为可编辑（在地图窗口点击右键，点击“图层控制”，在出现的窗口中，设置“测点位置”图层可编辑，然后确认，关闭对话框）。

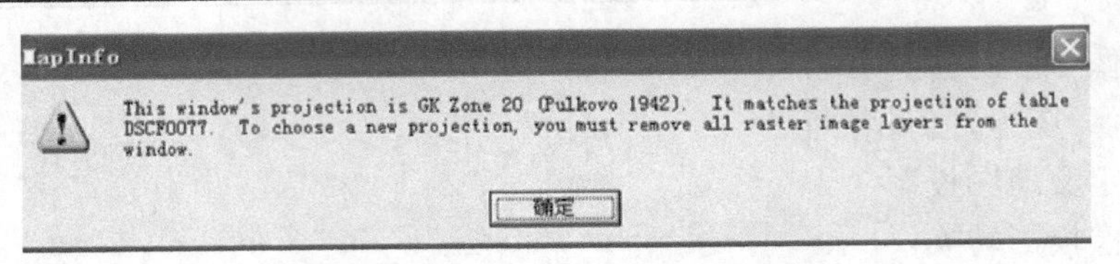

图 4.12　MapInfo 地图的投影信息

双击地图窗口中的位置点，显示如图 4.13 所示。

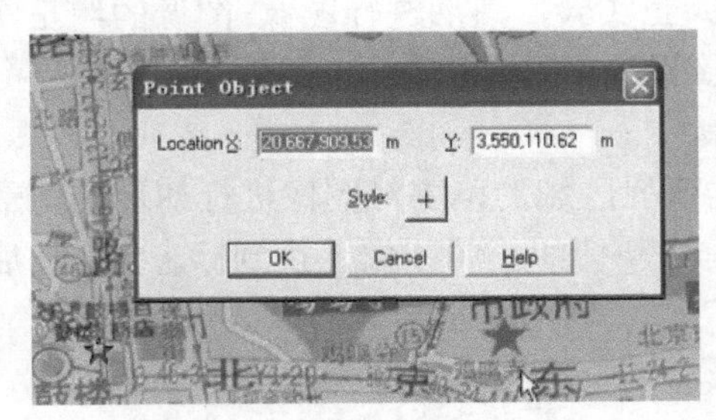

图 4.13　查看点的坐标信息

图中显示的是鼓楼东侧点的坐标

文本框中的坐标可以被拷贝下来，粘贴到 ENVI 的坐标文本框中。

点击“OK”关闭对话框。

3）显示图像

运行 ENVI 软件。

打开合并后的南京市 TM 图像 AA，使用（4,3,2）进行假彩色合成显示在#1 窗口。

操作：顺序点击 band 4、band 3 和 band 2，使之分别与 RGB 相对应。点击“Load RGB”显示图像。

使用其他合适方式显示图像，并连接这些图像窗口。

4）选择地面控制点

（1）初始设置。根据地图纠正遥感图像需要设置投影信息。

首先在待纠正图像中选择标志点，这些点应该具有明确的可识别的位置和色调，比较稳定。一般情况下，选择十字的中心作为标志点。这些十字可以是路-路、路-水、房屋拐角等。标志点在图像中的分布尽可能均匀。

可以通过不同的图像合成来寻找合适的标志点。

与标志点对应的地图上的点为 GCP。有时候，二者都叫 GCP。

操作：点击“Map”→“Registration”→“Select GCPs: Image to Map”（图 4.14）。

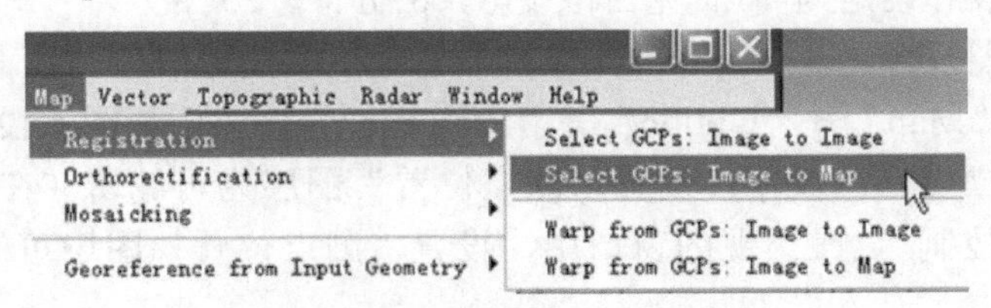

图 4.14　从地图到图像选择 GCP 菜单

在“图像到地图注册”窗口中（图 4.15），根据参照的矢量图地图信息，选择“GK Zone 20”。

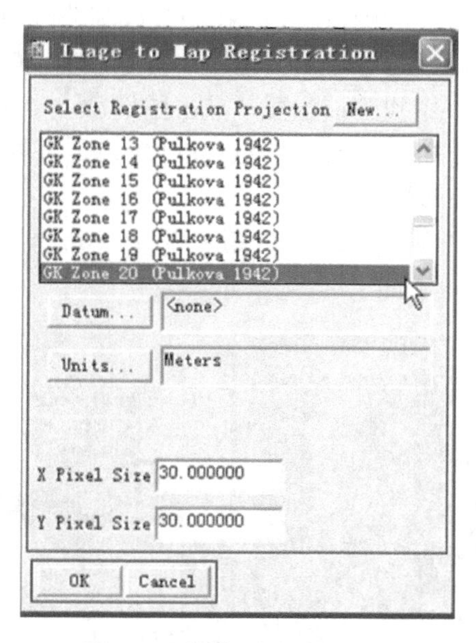

图 4.15　图像到地图注册窗口

确定后，出现 GCP 选择对话框窗口（图 4.16）。其中，地图坐标来自于矢量地图，图像坐标来自于图像文件。

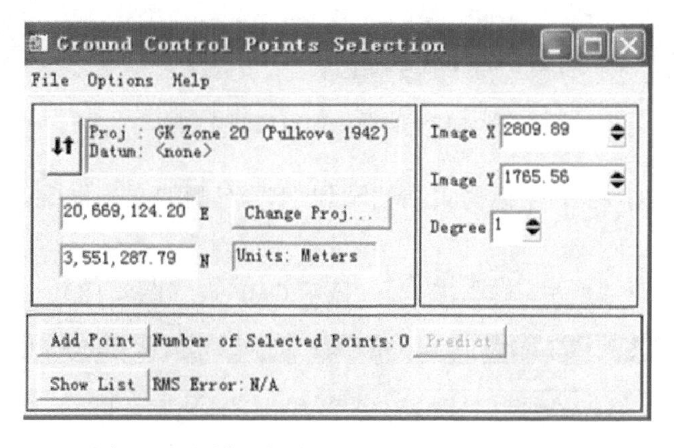

图 4.16　图像-地图纠正的地面控制点的选择

首先在图像窗口移动光标，根据 GCP 确定的原则确定 GCP 位置，然后在矢量地图窗口确定同名地物点，并将其坐标拷贝到本窗口中的地图坐标文本框中。确认合适后，点击“Add Point”产生一个同名地物点。重复操作，继续寻找下一个 GCP 点，直到符合数量要求，一般是 10～20 个。

注意：由于头文件中的起点坐标不同，上图的图像坐标可能会与实际的坐标有差异。

首先在图像窗口找 GCP，然后在参照图像窗口中寻找相同的位置。确认后，点击“Add Point”，产生一个同名地物点。重复操作，继续寻找下一个 GCP，直到符合要求。

（2）同名地物点。在 ENVI 的图像窗口，找到玄武湖公园中两个岛的连接桥（图 4.17 中 Zoom 窗口的十字线中心），点击鼠标左键，作为第一个 GCP 的图像坐标。

在 MapInfo 的地图窗口中找到该位置，点击图标 “增加点”，在该位置点击鼠标左键增加一个新的位置点（注意：此时测点图层应该是可以编辑的），然后双击该点，显示点的坐标信息。拷贝 X 的坐标。

在 ENVI 的“选择地面控制点”窗口中（图 4.17），点击“E”左侧的文本框，按 Ctrl+V，粘贴刚刚拷贝的 X 坐标。

图 4.17　当前工作窗口的排列

重复上面的操作，将 Y 坐标拷贝并粘贴到“N”左侧的文本框中。完成后，如图 4.16 所示。

点击 Add Point，点击 Show List，显示 GCP 点（图 4.18）。

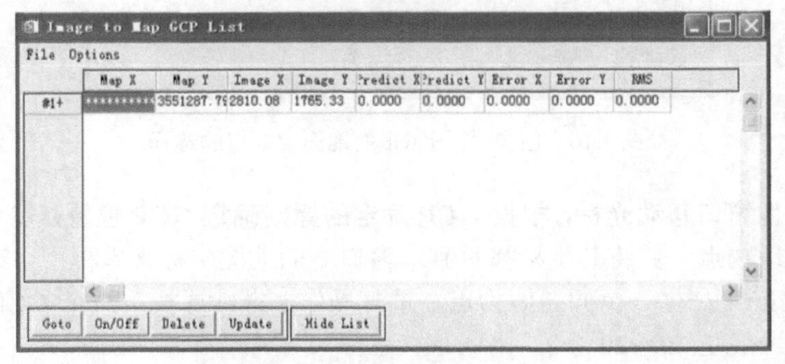

图 4.18　地面控制点列表

图中的*是显示问题，数据是存在的

至少选择 6 个控制点，并且控制点分布要比较均匀。

图像-地图 GCP 列表（Image to Map GCP List）。本窗口中各个按钮的功能如下（图 4.19）。

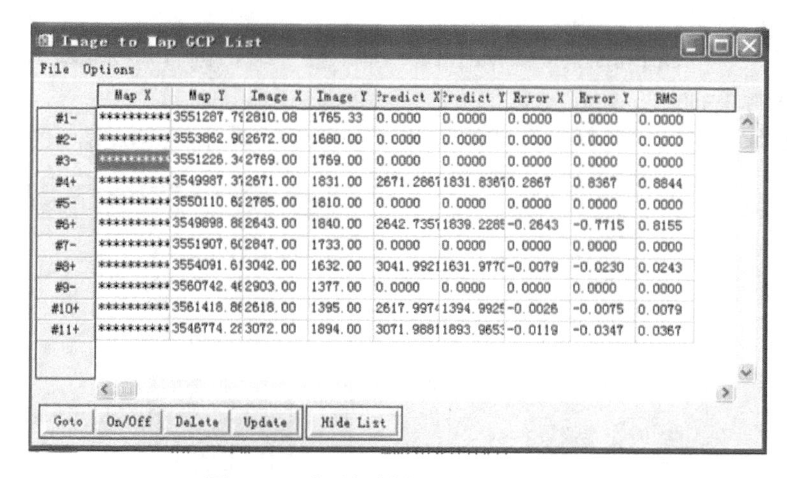

	Map X	Map Y	Image X	Image Y	Predict X	Predict Y	Error X	Error Y	RMS
#1-	**********	3551287.7	2810.08	1765.33	0.0000	0.0000	0.0000	0.0000	0.0000
#2-	**********	3553862.9	2672.00	1680.00	0.0000	0.0000	0.0000	0.0000	0.0000
#3-	**********	3551226.3	2769.00	1769.00	0.0000	0.0000	0.0000	0.0000	0.0000
#4+	**********	3549987.3	2671.00	1831.00	2671.286	1831.836	0.2867	0.8367	0.8844
#5-	**********	3550110.8	2785.00	1810.00	0.0000	0.0000	0.0000	0.0000	0.0000
#6+	**********	3549898.8	2643.00	1840.00	2642.735	1839.228	-0.2643	-0.7715	0.8155
#7-	**********	3551907.6	2847.00	1733.00	0.0000	0.0000	0.0000	0.0000	0.0000
#8+	**********	3554091.6	3042.00	1632.00	3041.9921	1631.977	-0.0079	-0.0230	0.0243
#9-	**********	3560742.4	2903.00	1377.00	0.0000	0.0000	0.0000	0.0000	0.0000
#10+	**********	3561418.8	2618.00	1395.00	2617.997	1394.992	-0.0026	-0.0075	0.0079
#11+	**********	3546774.2	3072.00	1894.00	3071.9881	1893.965	-0.0119	-0.0347	0.0367

图 4.19　地面控制点列表和选择使用

通过 On/Off 控制 GCP 使用与否，比较控制点分布对纠正结果的影响

Goto：在图像窗口定位当前的控制点。

On/off：使用/忽略当前的控制点。被忽略的控制点在该行的左侧具有标记“-”，在纠正中不被采用。

Delete：删除当前的控制点。

Update：使用新的位置更新当前行的控制点坐标。

下面的列表窗口中，初始选择了 11 个控制点，最后使用了 5 个控制点（列表中，+为使用的控制点，-为不用的控制点）。

注意：表格的最右侧 RMS 是对应的均方根误差，越小越好。

将表中有效位置的坐标 ImageX，ImageY，MapX，MapY 拷贝到 Excel 中备用。

5）几何纠正

（1）保存 GCP 坐标。

窗口：Ground Control Points Selection。

如果有必要，保存当前的控制点坐标信息到文件中（图 4.20），操作如下。

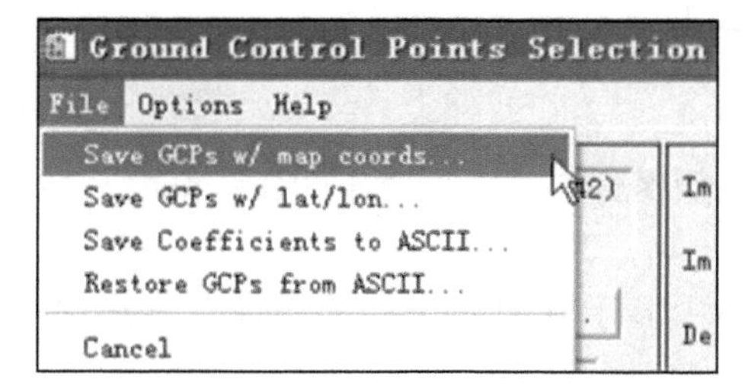

图 4.20　保存 GCP 坐标的窗口菜单

在以后的工作中，可以通过“Restore GCPs from ASCII…”来恢复保存的控制点。

在光盘目录“图像校正\几何精纠正控制点”中提供了两套参考的控制点，可用来对比校正结果。

（2）纠正图像文件。

点击窗口菜单“Options”→“Warp File…”，打开纠正窗口（图 4.21），从列表中选择要纠正的图像名称。

选择纠正用的参数，包括多项式的阶数（Degree）、重采样方法等（图 4.22）。

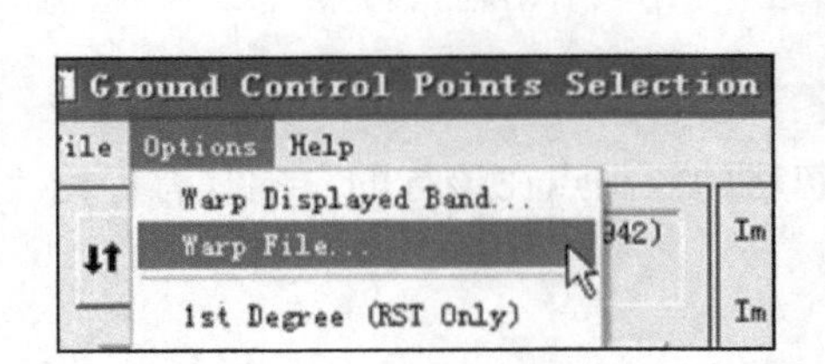

图 4.21　图像文件纠正的窗口菜单

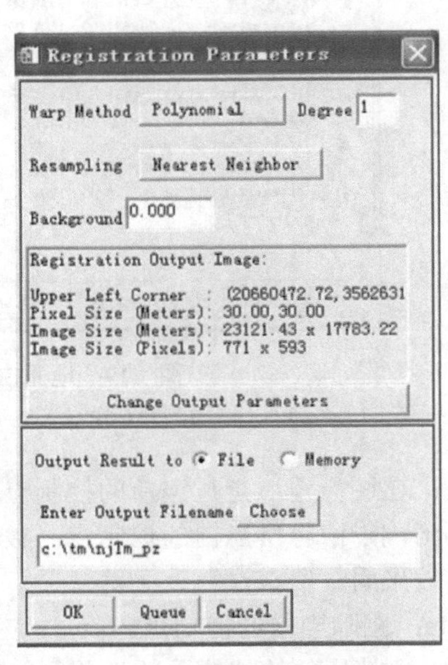

图 4.22　几何精纠正的参数窗口

因为这里只有 5 个控制点，所以使用 1 阶多项式、最近邻重采样方法。

除非确认图像有扭曲变形，否则不建议选择 3 阶多项式。

控制点多而且分布均匀，高阶多项式才能得到比较好的纠正效果。

纠正后的图像可以保存在文件中或保存在内存中。作为最后的结果或对于大图像文件需要保存到文件中，否则，建议保存到内存。

问题 2：

控制点分布对纠正结果有什么影响？

6）纠正结果分析

在#2 窗口打开纠正后的图像，使用与原始图像相同的合成方式显示，进行对比分析（图 4.23）。

在可用波段列表窗口中显示几何纠正后的图像，会出现地图信息（Map Info）项（图 4.24）。

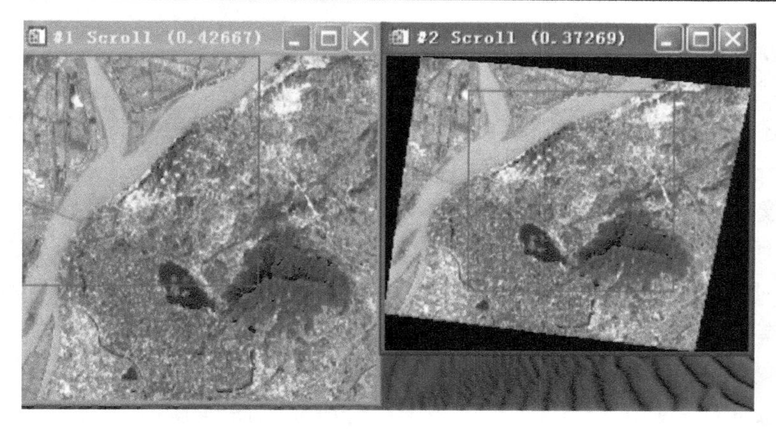

图 4.23 几何精纠正前后图像的比较

本图中的图像没有得到合适的纠正

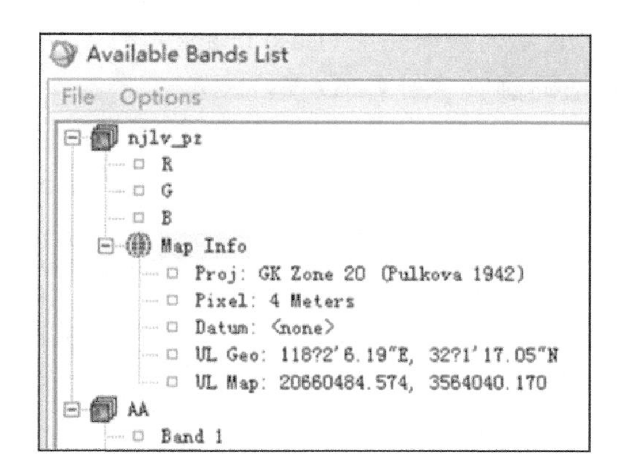

图 4.24 纠正后的图像具有地图信息项

7）误差评估

从纠正后的图像窗口至少选择 10 个点（在图像范围内均匀分布），读取其地理坐标作为 x1，y1。从 MapInfo 地图窗口（图像-地图纠正）或参照图像窗口（图像-图像纠正），读取对应位置的地理坐标作为 x2，y2，利用本实验目录中的“几何精纠正误差评估模板.xlsx”进行误差评估。

计算对应点的距离参数，统计最大距离、最小距离、平均距离和标准差。

将计算结果与 GCP 列表中的 RMS 值进行比较，给出纠正结果的精度评定。

8）保存

如果精度较好（如小于 2 个像素），那么保存几何纠正图像到文件中。

存盘文件：njtm_PZ。

问题 3：

使用什么方法确定不同图像之间的差异？

在图像分类的实验中将使用本结果。

9）纠正结果比较

使用上述的 GCP 数据，在几何纠正中分别使用其他的重采样方法进行纠正，存盘文件分别为 aa_pz1，aa_pz2。

显示图像，通过窗口的连接，比较不同采样方法产生的纠正图像之间的差异。

在光盘中目录“图像校正\重采样对比”提供了不同重采样的结果，可用于对比。

2. 图像–图像几何精纠正

关闭所有打开的图像窗口。

1）打开参考图像和待纠正的图像

打开图像 AA，使用（5,4,3）进行假彩色合成显示在#1 窗口。

打开图像文件“图像校正\参照数据\njlv_pz”，在#2 窗口中显示。

点击主菜单“Map”→“Registration”→“Select GCPs: Image to Image”。在出现的对话框中（图 4.25），选择#2 作为参考图像（Base Image），#1 作为待纠正图像。点击“OK”后显示图像 GCP 选择对话框窗口（图 4.26）。

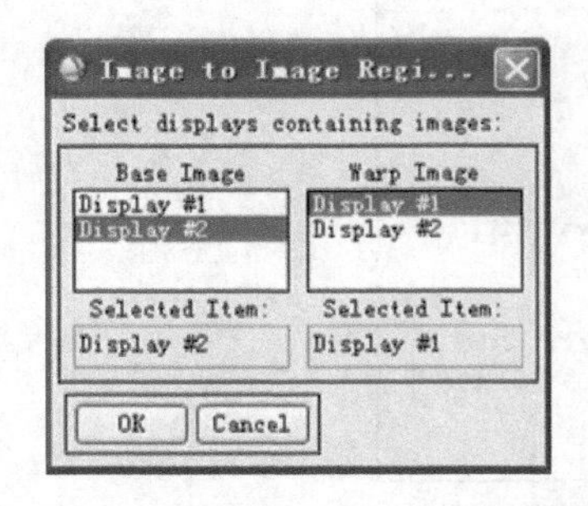

图 4.25　选择图像–图像纠正的数据源

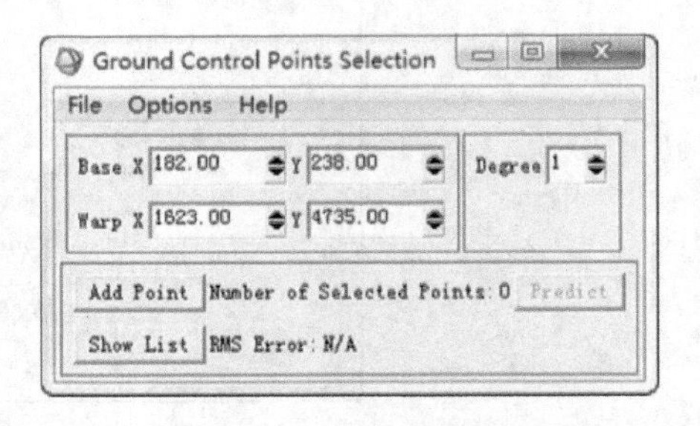

图 4.26　图像–图像纠正的控制点选择对话框

2）选择确定 GCP

操作与“图像–地图几何精纠正”中的“4）选择地面控制点”类似。

在#2 窗口找到对应的位置作为第一个 GCP 的参照点，点击鼠标左键。

点击 Add Point，点击 Show List，显示 GCP 点。GCP 列表如图 4.27 所示。

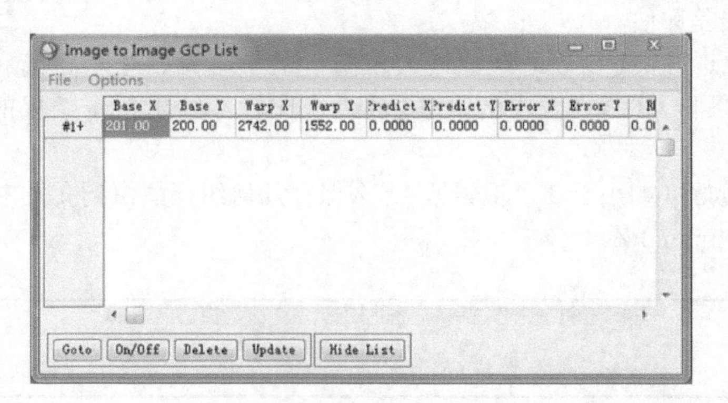

图 4.27　图像–图像 GCP 列表

检查 GCP 无误且满足误差要求后，保存 GCP 列表信息。

3）图像校正

在 GCP 选择窗口，点击菜单“Options”→“Wrap Files…”。

选择待纠正的图像 AA，然后在出现的对话框中，选择一阶多项式、最近邻重采样方法。将结果保存到内存中。

对纠正结果进行分析和误差评估，如果满足要求，将纠正后的图像保存到文件中。操作方式与“图像-地图几何精纠正”中的 6）～8）部分相同。

3. 自定义地图投影

有时候需要自定义地图投影，以便正确地显示图像和统计面积。

1）坐标系的构成

坐标系定义由基准面和地图投影两组参数确定，而基准面的定义则由特定椭球体及其对应的转换参数确定。坐标系是地球椭球体（Ellipsoid）、大地基准面（Datum）及地图投影（Projection）三者的结合。

我国当前使用的坐标系有两个，分别是北京 54 坐标和西安 80 坐标。

我国的大地测量基本上仍以北京 54 坐标系作为参照，北京 54 与西安 80 坐标之间的转换需要查阅国家测绘地理信息局公布的对照表。

GPS 测量的坐标为经纬度，使用的是 WGS84 椭球体，它是一地心坐标系，即以地心作为椭球体中心。

2）地图投影

地图投影（Projection）是将地图从球面转换到平面的数学变换。如果有人说：该点北京 54 坐标值为 X=4231898,Y=21655933，实际上指的是北京 54 基准面下的投影坐标，也就是北京 54 基准面下的经纬度坐标在直角平面坐标上的投影结果。

我国规定 1:1 万、1:2.5 万、1:5 万、1:10 万、1:25 万、1:50 万比例尺地形图，均采用高斯-克吕格（Gauss-Kruger）投影。1:2.5 万～1:50 万比例尺地形图采用经差 6° 分带，1:1 万采用经差 3° 分带。

高斯-克吕格投影以 6° 或 3° 分带，每一个分带构成一个独立的平面直角坐标网，投影带中央经线投影后的直线为 X 轴（纵轴，纬度方向），赤道投影后为 Y 轴（横轴，经度方向）。为了防止经度方向的坐标出现负值，规定每带的中央经线西移 500km，即假东偏移值为 500km，由于高斯-克吕格投影每一个投影带的坐标都是对本带坐标原点的相对值，所以各带的坐标完全相同，因此规定在横轴坐标前加上带号，如 21655933，其中 21 即为带号，同样所定义的假东偏移值也需要加上带号，如 21 带的假东偏移值为 21500000m。

高斯-克吕格投影的中央经线长度比等于 1，UTM 投影规定中央经线长度比为 0.9996。

基本的坐标投影设置参数如下。

高斯-克吕格：投影代号（Type），基准面（Datum），单位（Unit），中央经度（Origin Longitude），原点纬度（Origin Latitude），比例系数（Scale Factor），假东偏移（False Easting），假北偏移（False Northing）。

3）基本参数

我国地图常用的坐标参数和椭球体见表 4.3 和表 4.4。

表 4.3　我国地图常用坐标参数

坐标名	投影类型	椭球体	基准面
北京 54	Gauss-Kruger	Krasovsky	北京 54
西安 80	Gauss-Kruger	IAG75	西安 80

表 4.4　我国地图常用的椭球体

椭球体名称	年份	长半轴/m	短半轴/m	扁率
WGS84	1984	6378137.0	6356752.3	1∶298.257
Krasovsky	1940	6378245.0	6356863.0	1∶298.3
IAG-75	1975	6378140.0	6356755.3	1∶298.257

4）自定义地图投影

ENVI 中的坐标定义文件存放在 HOME\ITT\IDL708\products\envi46\map_proj 文件夹下[HOME 是系统安装的目录，如 C:\Program Files（x86）\或 C:\Program Files \]，其中的三个文件记录了坐标系的相关信息。

ellipse.txt：　椭球体参数文件
datum.txt：　基准面参数文件
map_proj.txt：　坐标系参数文件

注意：

使用纯文本编辑器修改这些文件，标点符号必须为半角！

这里假设是自定义：西安 80 坐标系，3°分带。中央经度 120°。

对于 ellipse.txt，文件末尾增加：Xian_1980, 6378140.0, 6356755.3

对于 datum.txt，文件末尾增加：D_Xian_1980, Xian_1980, 0, 0, 0

运行 ENVI。如果已经运行，退出，重新运行。选择“Map” →“Customize Map Projections”，在出现的窗口中进行定义。

输入投影名称：Xian_1980_3_Degree_GK_Zone_40。

投影类型：Transverse Mercator。

投影基准：D_Xian_1980。

假东和假北：

对于 3°分带，False Easting 中增加带号，输入为 40500000。

假北（False Northing）: 0。

投影原点的纬度：0。

投影原点的经度：120.0。

对于 Gauss-Kruger，Scale factor 为 1。

定义完成后的窗口如图 4.28 所示。

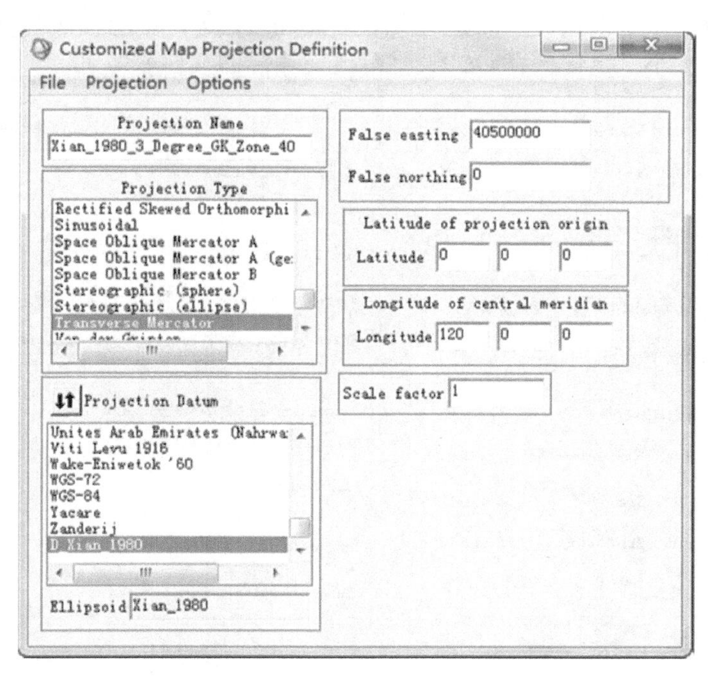

图 4.28 自定义地图投影

按如下操作加入新定义的投影（图 4.29）。

然后，通过窗口菜单 File 保存定义的投影（图 4.30），覆盖原来的文件。保存后关闭窗口。

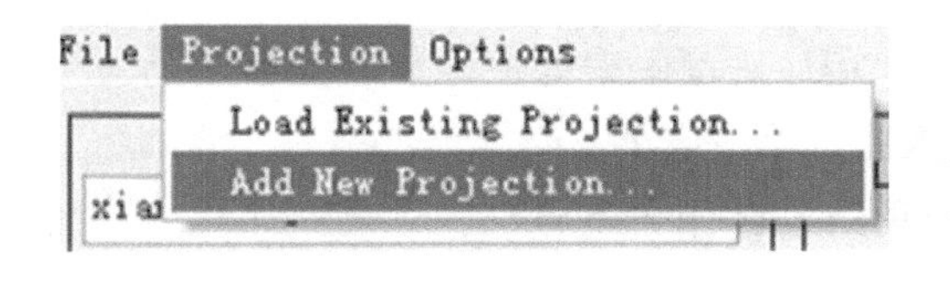

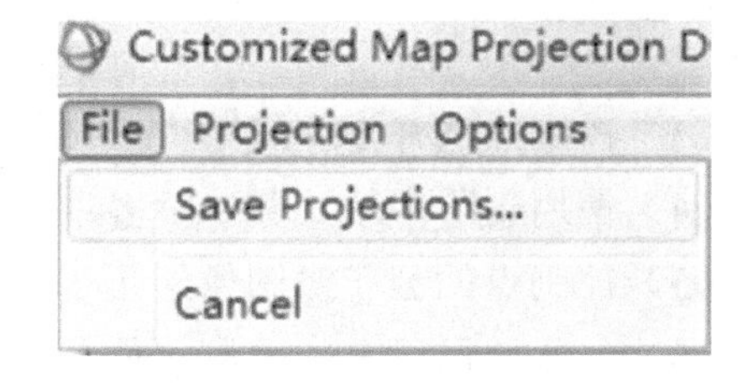

图 4.29 加入新的投影

图 4.30 保存投影

打开文件 map_proj.txt，会看到里面增加了如下字符串：

3, 6378140.0, 6356755.3, 0.000000, 120.000000, 40500000.0, 0.0, 1.000000, D_Xian_1980, Xian_1980_3_Degree_GK_Zone_40

4. 图像投影转换

将具有投影的图像转换为其他投影。

操作：点击主菜单“Map”→“Convert Map Projection”。

将纠正后的图像指定为输入图像后，出现如图 4.31 所示窗口。

点击“改变投影”按钮，指定新的投影为 Xian_1980_3_Degree_GK_Zone_40。

检查像素的大小，建议保存 GCP，然后设定输出的文件名即可。

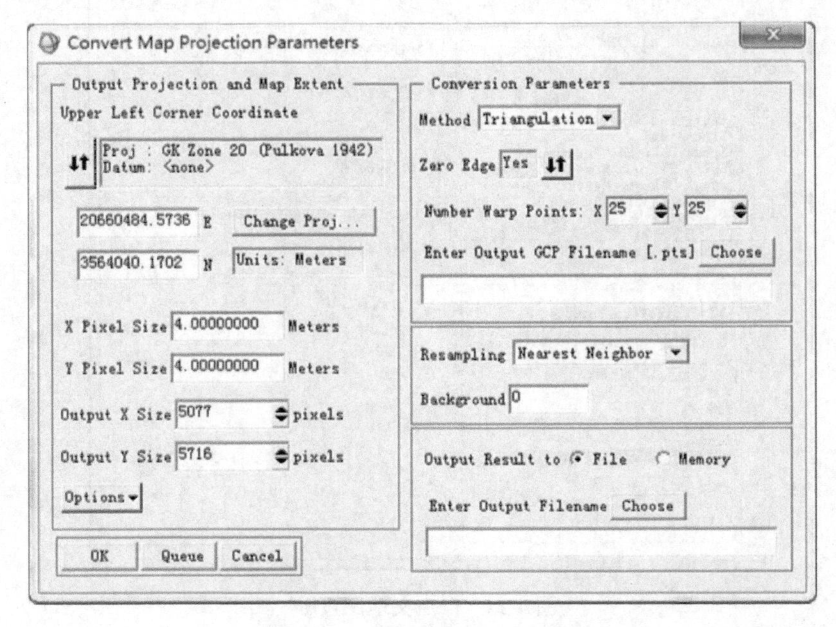

图 4.31　地图投影转换窗口

（四）课后思考练习

（1）控制点选择应该注意哪些问题？如何有效地选择控制点？

（2）对于初步选择的多个控制点，怎么确定最后使用哪些控制点，依据是什么？

（3）控制点选择 5 个或 10 个，纠正结果有什么差异？

（4）使用一阶多项式和二阶多项式的纠正结果有什么差异？

（5）控制点的分布对图像纠正结果有什么影响？

（6）怎么使用已有的“测点位置”图层对纠正结果进行检查？

（7）如何评估几何纠正结果的误差？在纠正之前 GCP 列表中误差是图像校正的误差吗？

（8）使用哪些波段组合更容易找到 TM 图像中的 GCP？

（9）如何在 ENVI 中自定义西安 80 坐标系高斯-克吕格投影？假定 3° 分带，地区中央经度为 120°。

（10）使用 GPS 测量结果作为 GCP 的数据源进行图像几何精纠正应该注意哪些问题？

（11）对上一章中的“规定化图像数据”中的两个图像进行图像-图像纠正，并按照最小的行和列剪裁到相同的大小。剪裁后的图像保存为 XX_RZ，XX 为原始的图像文件名称。

（12）使用“图像校正\几何纠正 图像-图像 erdas”中的图像，进行图像-图像纠正练习。

实验五　图 像 变 换

一、目的和要求

1. 目的

掌握图像变换的基本操作方法，对比变换前后图像的差异，理解不同变换方法之间的区别。

2. 要求

能够根据图像的特征设定傅里叶变换的滤波器，消除图像中的条纹。

能够解释主成分变换后的图像，利用主成分变换消除图像中的噪声。

能够利用 KT 变换结果进行图像合成、解释地物信息。

熟练利用波段运算产生不同的波段组合。

利用彩色变换进行图像的合成和融合。

能够解释变换后的图像，并根据工作目的选择合适的图像变换方法。

3. 软件和数据

ENVI 图像处理软件。

数据：TM 图像 AA、SPOT 数据和 ETM+数据。后两个数据的所在目录为 C1 实验准备\数据。

二、实 验 内 容

（1）SPOT 图像的傅里叶变换。

（2）TM 图像的主成分变换。

（3）TM 图像的 KT 变换。

（4）TM 图像的代数变换。

（5）ETM+图像的彩色变换。

（6）图像融合。

三、图 像 处 理

1. 傅里叶变换

使用傅里叶变换去除 SPOT 图像中水体部分的条带噪声。

数据：SPOT 图像的 PAN 波段，南京长江大桥周边。数据文件名："C5 图像变换\fft\CJ_spot"。

流程：傅里叶正变换—设定滤波器—傅里叶逆变换。

操作：点击主菜单"Filter"→"FFT Filtering"（图 5.1）。

要点：数据要求具有偶数行和偶数列。如果数据不符合该要求，需要对数据进行重采样！如果图像数据太大，如数百兆，需要计算机具有足够的内存。一般认为，需要的内存是图像大小的 8 倍。

操作步骤。

1）图像的傅里叶正变换

点击主菜单“Filter”→“FFT Filtering”→“Forward FFT”。

选择“CJ_spot”，点击“OK”，输出结果设定为“内存”。

在可用波段列表窗口，显示如图 5.2 所示。

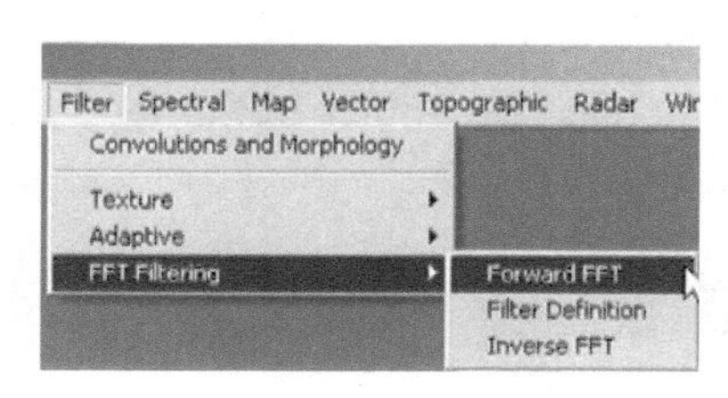

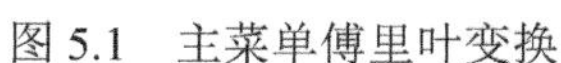
图 5.1　主菜单傅里叶变换

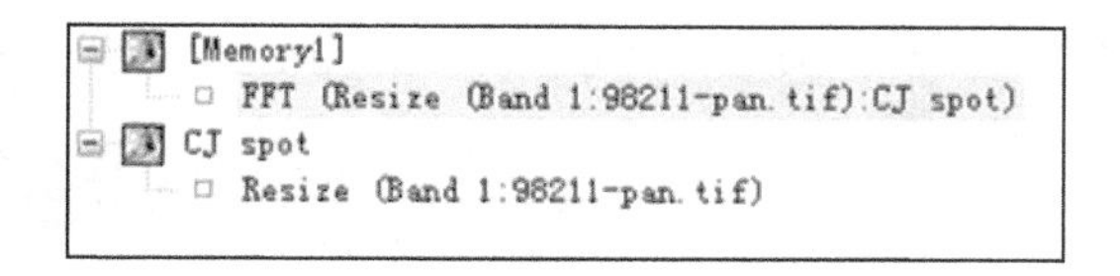

图 5.2　FFT 正变换的结果

以灰阶方式打开 Memory1 的 FFT，然后进行 2%的线性拉伸，其频率域图像如图 5.3 所示。窗口为#1。

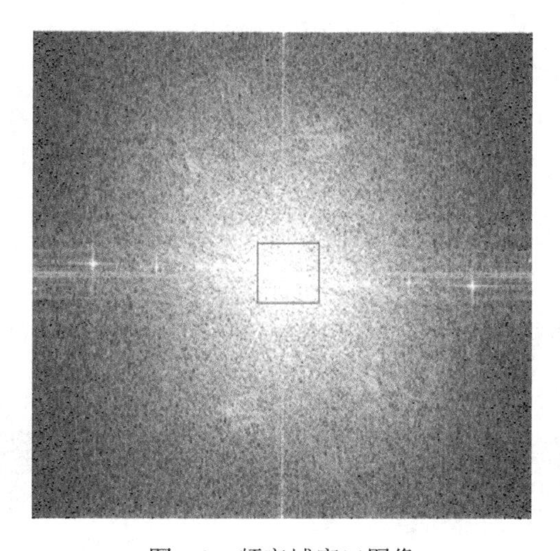

图 5.3　频率域窗口图像

注意：

图像中心为低频成分，周围为高频成分。亮度大小为幅值。高亮度处的频率成分明显。

2）设定滤波器

点击主菜单“Filter”→“FFT Filtering”→“Filter Definition”。选择输入为前向 FFT

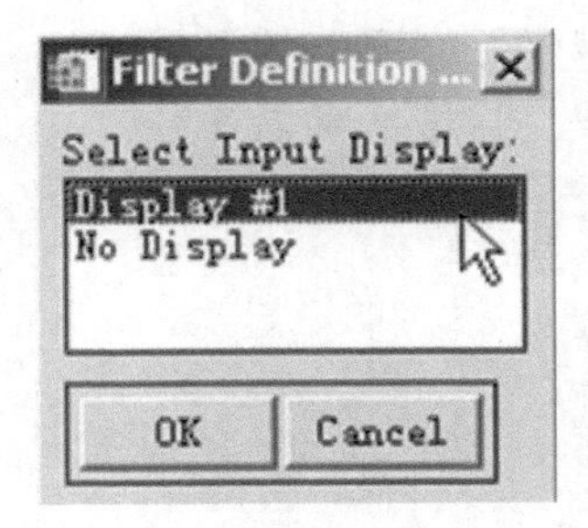

图 5.4　选择 FFT 的输入

结果图像（频率域图像）的窗口#1（图 5.4）。

在出现的滤波器定义（Filter Definition）窗口中，点击菜单“Filter_Type”选择滤波器。系统默认为低通滤波器。

对于低通（Circular Pass）、高通（Circular Cut）、带通（Band Pass）、带阻滤波器（Band Cut），可直接在窗口中输入参数。这些参数均以频率域图像中心为中心。

实际工作中，常用的是用户自定义滤波器。

用户自定义滤波器的操作如下。

（1）选择滤波器类型。以用户自定义阻断滤波器为例。在“Filter Definition”窗口，点击“Filter_Type”→“User Defined Cut”（图 5.5）。

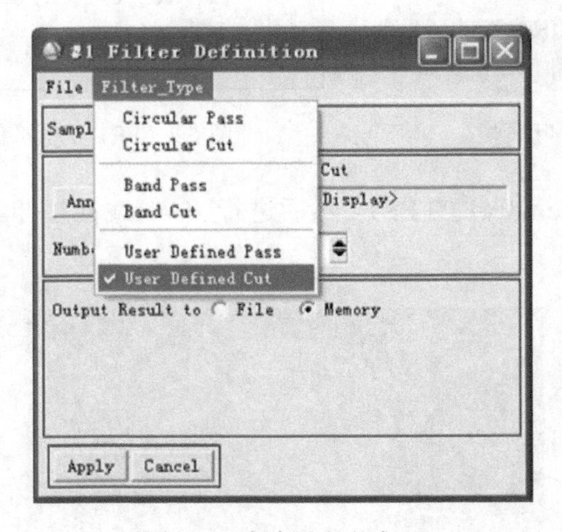

图 5.5　滤波器定义窗口

（2）定义滤波器。点击前向 FFT 结果图像窗口#1 中的菜单“Overlay”→“Annotation”（图 5.6）。

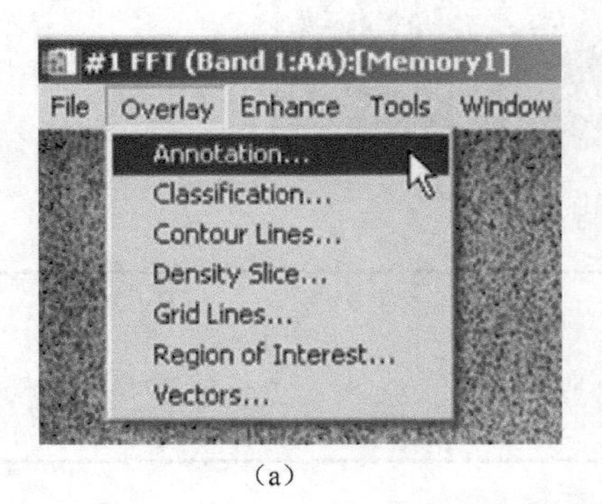

（a）

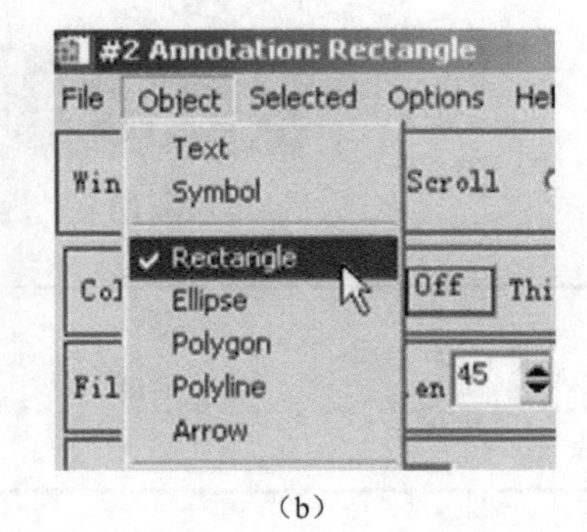

（b）

图 5.6　设置自定义滤波器

在出现的注释（Annotation）窗口中[图 5.6（b）]，点击选择对象“Object”类型为“矩形”，选择绘制滤波器对象的窗口为“Image”。右键点击 Color 右侧的色块，设置颜色为红色，其余默认（图 5.7）。

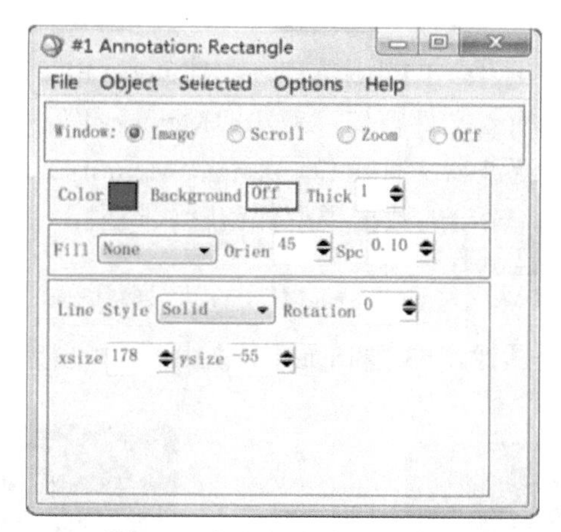

图 5.7　自定义多边形滤波器

在前向 FFT 结果图像的窗口#1，点击鼠标左键绘制多边形，双击右键结束。结果如图 5.8 所示。

图 5.8　绘制自定义滤波器后的图像

注意：

ENVI 中，矢量对象的绘制操作为：点击鼠标左键，绘制对象；双击右键，完成绘制。

在滤波器定义窗口“Filter Definition”，指定输出结果为“内存”，点击应用按钮“Apply”产生滤波器，名称为 [Memory2] User Defined Cut Filter 。

可以通过灰阶显示方式查看该滤波器。

3）逆变换

点击主菜单“Filter”→“FFT Filtering”→“Inverse FFT”。

在出现的逆变换 FFT 输入文件窗口，双击“Memory1”。

在出现的逆变换 FFT 滤波器文件窗口，双击“Memory2”。

指定输出结果为内存，输出的数据类型保留默认类型。

产生的输出为 [Memory4] Inv FFT (FFT (Resize (Band 1:98211-pan.tif):CJ spot):

在#2 窗口显示逆变换图像，#3 窗口显示原始图像，连接窗口#2 和#3，对比图像差异（图 5.9）。

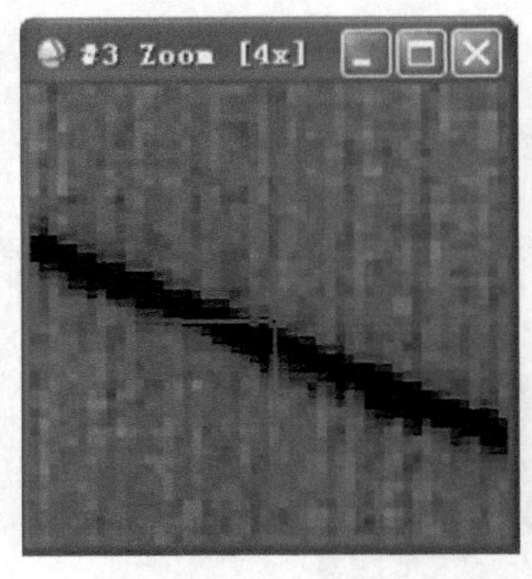

（a）变换前图像

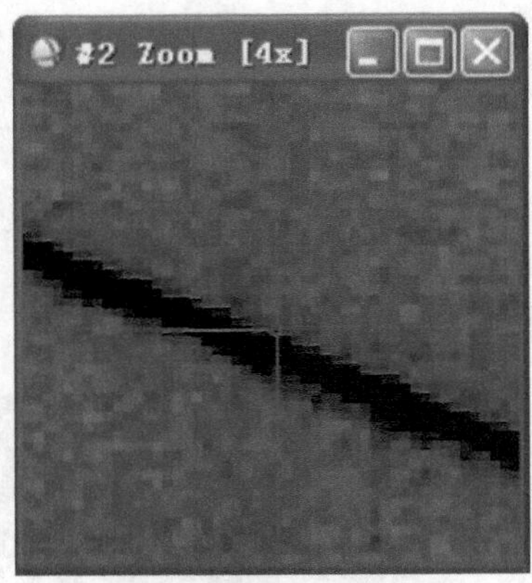

（b）FFT 变换后图像

图 5.9　变换前后图像对比

练习 1：

打开 tree.bmp 图像，通过图像的波段剪裁将 B 通道提取出来进行傅里叶变换。

使用用户自定义阻断滤波器，其位置和形状如图 5.10 所示。

图 5.10　绘制的自定义滤波器

分别使用图 5.11 中的三个滤波器，比较变换后图像的差异。注意：在绘制滤波器的窗口（参见图 5.7）设置："选项" → "镜像开"（Options→Turn Mirror On）。滤波器定义窗口的"边界像素数"（Number of Border Pixels）使用默认值 0。

打开光标位置窗口。

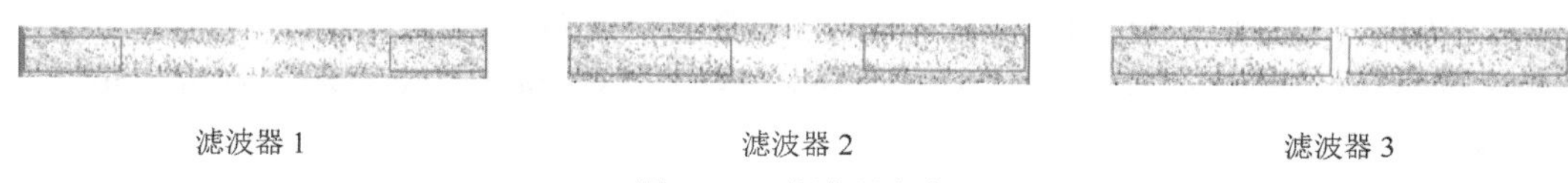

滤波器 1　　滤波器 2　　滤波器 3

图 5.11　滤波器定义

对于滤波器 3，其右侧矩形框的左端在水平方向上尽可能接近 0（坐标原点），但不能等于 0。逆变换后的图像为 f3。然后，将滤波器定义窗口的"边界像素数"（Number of Border Pixels）改为 10，重新产生新的滤波器，进行新的逆变换，结果图像为 f4。

上述滤波后产生 4 个单色图像，设名称分别为 f1～f4。

彩色合成：使用原始图像 R、G 通道的数据，使用滤波后的 f1～f4 为 B 通道，进行（R,G,B）彩色合成，产生四个彩色图像。其中，f3,f4 的局部显示如图 5.12 所示。

对比查看彩色合成效果，分析产生这些效果的原因。

（a）滤波器 3，边界像素数 0

（b）滤波器 3，边界像素数 10

图 5.12　滤波器的边界像素数对滤波结果的影响

练习 2：

1. 使用 TM 图像 AA，练习高通、低通滤波。

2. 对图像文件“圆.tif ”“三角.tif ”“规则图像.tif ”进行傅里叶变换，理解空间域图像与频率域图像之间的关系。

3. 去除图像“fftCIRCUIT A.bmp”中的噪声。

4. 使用低通滤波去除“REMOVE DARK PART DSCF0079.JPG”和“封面.bmp”中的横纹，注意其滤波器的差异。

5. 去除“TM3 图像中的噪声.bmp”中的噪声，效果如何，怎么才能获得一个好的去噪效果？

6. 提取“IKNOS nj field.jpg”图像中的线性地物。

2. K-L 变换

1）K-L 基本变换

使用 K-L 变换计算南京 TM 图像主成分，并对比各个主成分的差异。

数据：图像 AA。

流程：主成分正变换→主成分图像→主成分逆变换。

点击主菜单“Transform”→“Principal Components”（图 5.13）。

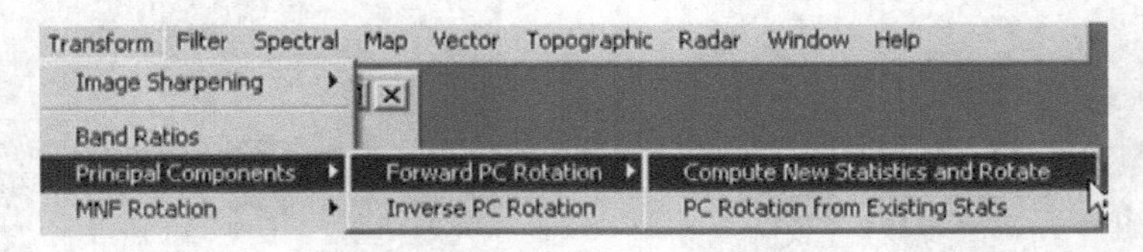

图 5.13　主成分变换菜单

计算后，保留计算结果，用于波段运算中的练习。

操作步骤如下。

（1）主成分前向变换。打开图像，使用图 5.13 中的菜单进行主成分正变换，并且保存统计结果：“Forward PC Rotation”→“Compute New Statistics and Rotate”。

注意：必须使用协方差矩阵进行计算。

（2）选择主成分。选择已经打开的图像文件，确定后，显示主成分正变换窗口“Forward PC Parameters”（图 5.14）。

输出统计文件名：选择输出的统计文件为“aa_pc.stat”。

计算特征值的矩阵：协方差矩阵。

输出结果：对于比较小的图像，可以选择输出结果为内存；否则，选择为文件。本次操作选择输出为：内存。

从特征值中选择子集：No。一般，对于第一次处理，往往不选择，而是保留所有的主成分。然后，根据结果图像来确定最后需要保留的主成分个数。

输出的主成分波段数目：7。

确定后，自动产生图像的主成分和主成分特征值分布（图 5.15）。

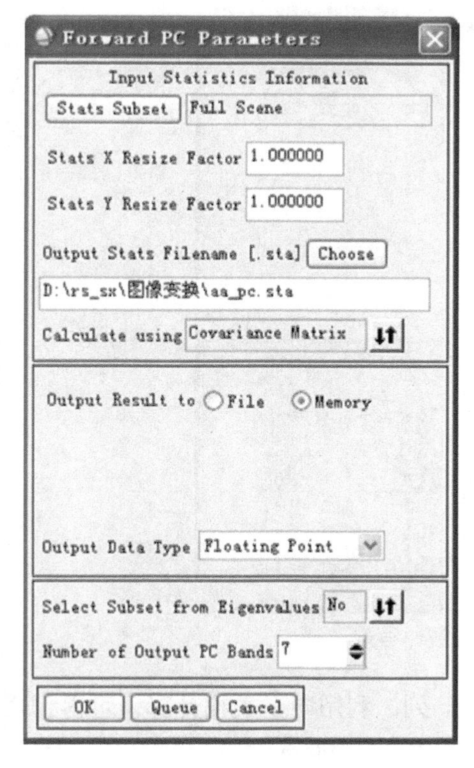

图 5.14　主成分前向变换参数

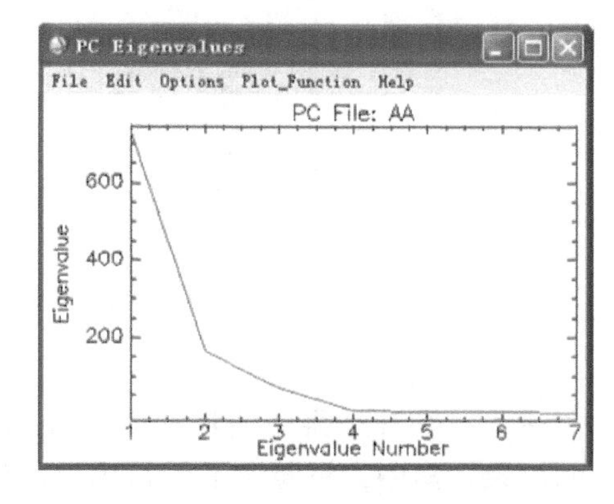

图 5.15　主成分与特征值关系

从图 5.15 可以看到，取大于 4 个主成分（横轴）后，其特征值变化不大。

统计文件中的内容，可以通过如下操作来查看：点击主菜单“Basic Tools”→“Statistics”→“View Statistics File”（图 5.16）。

如果要解释主成分的含义，也需要查看该统计文件的内容。

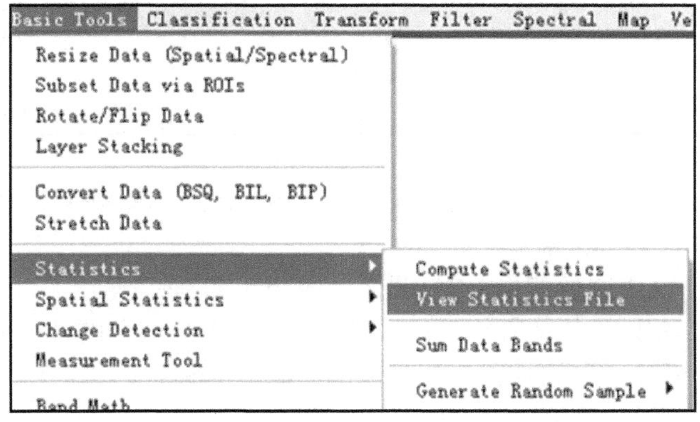

图 5.16　查看统计文件

显示的结果如图 5.17 所示。

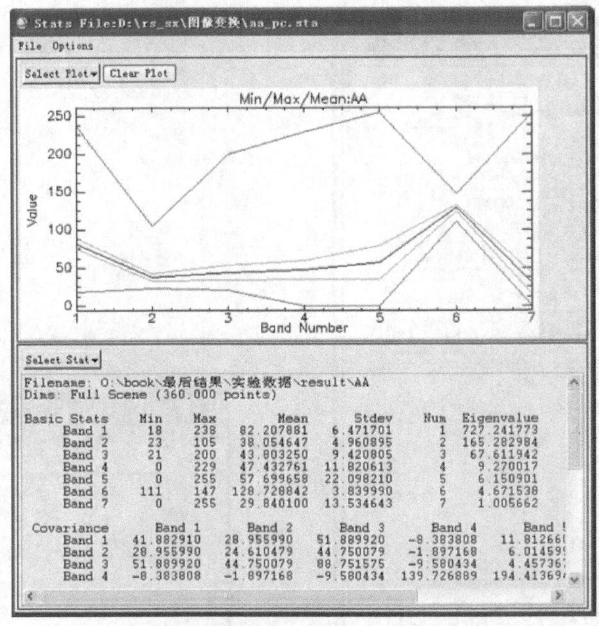

图 5.17　主成分统计结果

注意：统计结果中的特征值（Eigenvalue）列。利用电子表格计算，可得到表 5.1 中的结果。其中，贡献率 i=特征值 i/所有特征值总和×100%。

表 5.1　主成分的贡献率

PC	特征值	贡献率	累计贡献率
1	727.242	74.11%	74.11%
2	165.283	16.84%	90.96%
3	67.612	6.89%	97.85%
4	9.270	0.94%	98.79%
5	6.151	0.63%	99.42%
6	4.672	0.48%	99.90%
7	1.006	0.10%	100.00%

取 4 个主成分，实际上，累计贡献率可达到 98.8%。这意味着，这 4 个主成分可以解释原始数据中方差的 98.8%。

光盘中的文件“C5 图像变换\PCA\图像主成分计算.xls”给出了计算公式。

图 5.17 中，滚动窗口内容到最下面，可以看到各个主成分的特征向量 U。注意：其中每一行为一个主成分，列是计算主成分使用的波段名称。

主成分 P 与原始图像 X 的关系为

$$P=UX$$

注意：在 IDL 的程序 pcomp.pro 和联机文档中，特征值和特征向量是使用

“Householder reductions and the QL method with implicit shifts”方法进行计算的。其中，U 与特征向量 V 和特征值 d 的关系如下：

$$U=V*\mathrm{sqrt}(d)$$

每个主成分的 U 的平方和等于特征值。

利用 V 计算 U 的公式请参阅“C5 图像变换\PCA \图像主成分计算.xls”。

利用 U 矩阵可以解释主成分得分的含义，有时候可以得到有意义的信息。建议课下阅读如下文章：

黄照强，李详强.2009. 基于 ASTER 和 ETM+数据的事变信息提取比较研究——以西藏泽当矿田为例.地质与勘探，45（5）：606-611

问题 1：

ENVI 基于 IDL 开发，在主成分计算中遵循了 IDL 规则吗？

如果从特征值中选择子集为 Yes（图 5.14 的窗口），将显示如下窗口（图 5.18）。

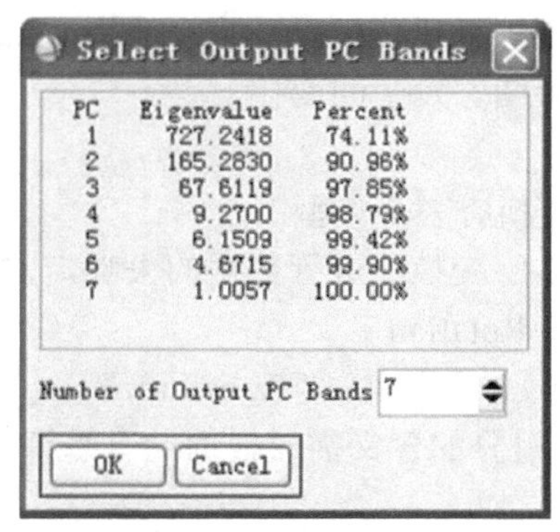

图 5.18 特征值和累计贡献率

选择输出的主成分个数为 4 个，确定后，出现特征向量数与特征值的关系曲线和计算结果。

（3）查看主成分得分。计算结果图像可以认为是主成分得分图像。

注意：

主成分变换产生主成分得分图像，对于该图像再进行主成分计算或进行统计，其中的特征向量是没有实际意义的。

如果试图对图像进行解释，那么需要利用计算产生的统计结果文件，在这里是 aa_pc.sta。

如果使用波段之间的相关矩阵计算主成分（图 5.14），那么，特征向量值反映的是波段与主成分间的相关性。此时，计算结果具有更好的可解释性。

单色显示各个主成分图像，理解主成分的含义。

（4）进行主成分逆变换。操作菜单如图 5.19 所示。

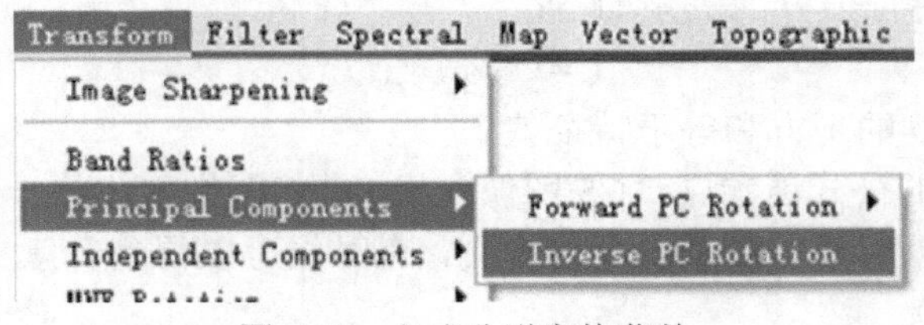

图 5.19　主成分逆变换菜单

将主成分得分变换为原始的图像空间。

注意：

逆变换计算要使用正向变换保留的统计文件，并且使用的矩阵也要与前向变换的选择一致。如果没有保留统计文件，就不能进行逆变换计算。

（5）主成分变换前后图像的变化分析。分别在两个窗口中使用（3,2,1）合成显示变换前后的图像，对比变换前后图像发生的变化。

2）K-L 变换的应用

除了数据降维外，K-L 变换有三个典型的应用。

（1）MNF 变换。基于 K-L 变换，进行数据的去噪，常用于高光谱图像的处理。主菜单："Transform" → "MNF Rotation"。

（2）独立成分变换（ICA）。主菜单："Transform" → "Independent Components"，用于估计数据中的独立组分，组分的含义需要根据已有知识来确定。上述两个变换与 K-L 变换的操作相似。

（3）去相关拉伸。主菜单："Transform" → "Decorrelation Stretch"，用于增强图像的显示效果。

(4,3,2）合成图像 AA，然后对合成的图像进行操作，显示增强后的图像，进行对比。增强后的图像更突出了什么信息？

(3,2,1）合成图像 AA，对合成的图像进行去相关拉伸，显示变换后的图像。

对图像 AA 进行 K-L 变换，保留统计结果，保留 5 个组分，然后进行逆变换。对逆变换的图像进行（3,2,1）合成显示，对合成的图像进行去相关拉伸。

上述两个操作的结果为什么会有较大的差异？有什么启发？

3. 缨帽变换

菜单：主菜单"Transform" → "Tassele Cap"。

要点：缨帽变换只能用于 Landsat 的 MSS、TM 和 ETM+数据。

打开图像 AA，点击菜单，查看计算结果，窗口为#1。

问题 2：

针对当前的波段次序，计算的 K-T 结果是正确的吗？

数据：(1)图像 AA 的光谱子集图像 AA_sub(TM 数据，实验 2 产生，仅使用 1,2,3,4,5,7 共 6 个波段)，或者点击缨帽变换菜单，选择 AA，点击“波段子集”，选择除 B6 波段外的所有波段，确定。

(2) L720000612_B17 (ETM+数据)。打开图像 AA_sub，点击菜单后，出现如下窗口(图 5.20)。选择输入的文件类型为 Landsat 5 TM，指定输出到内存中，确定，在#2 进行显示。对比#1 和#2 的结果。

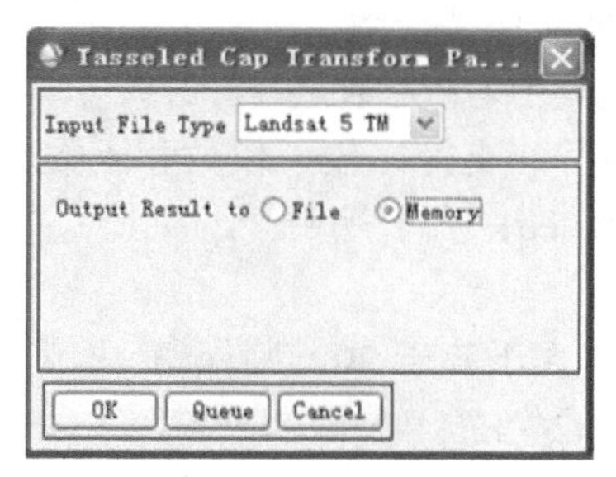

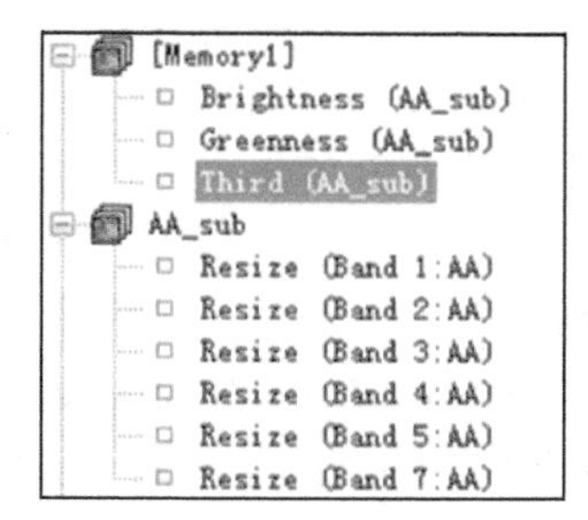

图 5.20　缨帽变换窗口

对于 TM 数据，变换结果为亮度、绿度和第三个分量。直接将这三个分量按照 RGB 合成显示，并与真彩色合成、(4,3,2) 假彩色合成结果进行比较(图 5.21)。

对 L720000612_B17 进行缨帽变换，选择输入文件类型为 Landsat 7 ETM+，对变换后的前三个分量按照 RGB 顺序合成显示。

将 L720000612_B17 变换结果与 AA 的变换结果进行比较，请特别注意紫金山的颜色和纹理。

问题 3：

1. 如果直接使用图像 AA 进行计算，得到的结果正确吗？
2. 图像颜色与地物类型之间的关系是什么？
3. 与真彩色合成相比，哪些地物的信息得到了显示增强？

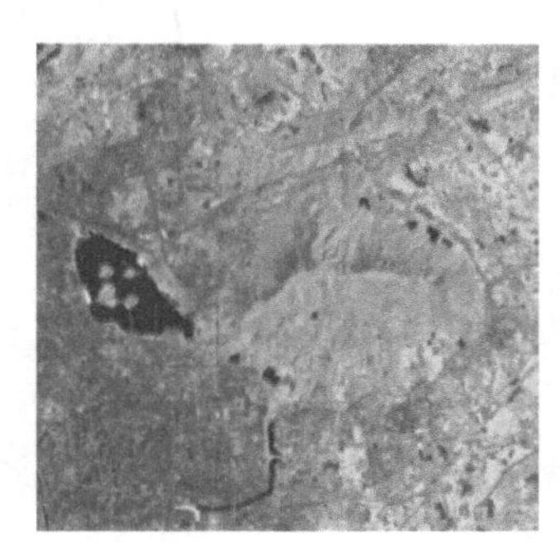

(a) 缨帽变换前三个分量

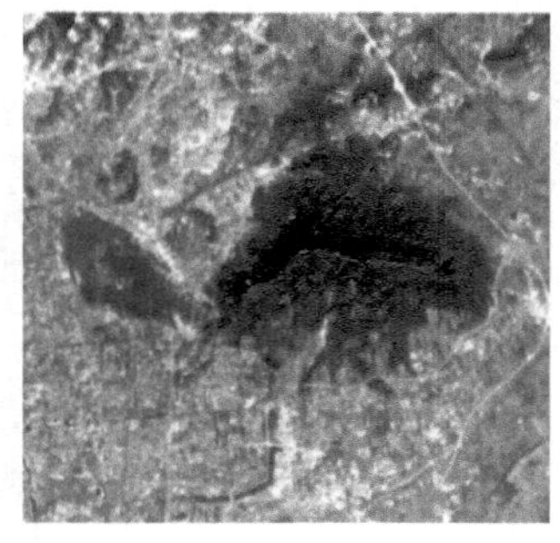
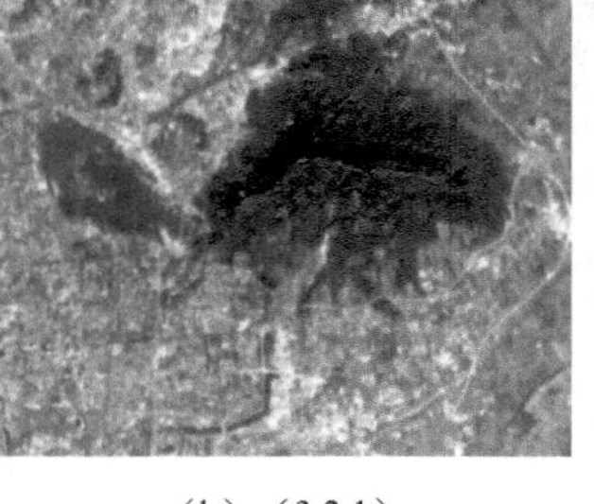

(b) (3,2,1)

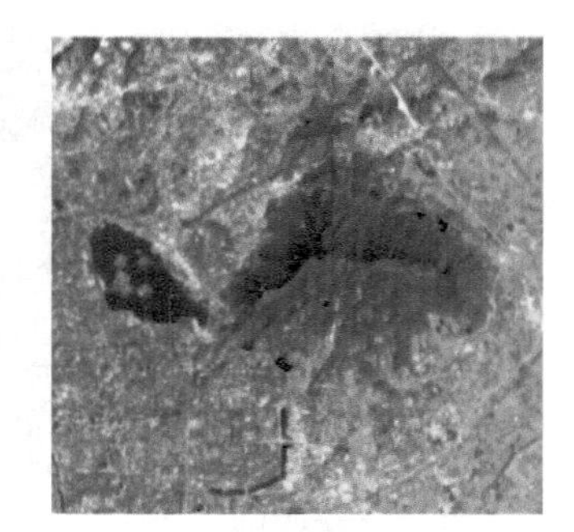

(c) (4,3,2)

图 5.21　缨帽变换结果

4. 波段运算

对波段进行数学运算，进行图像增强或进行信息提取。

数据：图像 AA，图像主成分计算.xls。

流程：输入波段运算表达式，指定表达式中的变量与图像波段对应。

菜单：主菜单“Basic Tools”→“Band Math”。

要点：可以利用波段运算产生各种结果，更复杂的运算，需要借助 IDL 的函数来进行。波段的数据类型和结果图像的数据类型应保持一致。

基本规则：使用 b*i* 来表示图像变量（其中，*i* 为数值 1，2，…）。它可以是图像的波段或图像文件（相当于多个波段同时运算），支持比较、代数和函数运算。

比较运算：大于：gt；小于：lt；等于：eq；大于等于：ge。

表达式实例：

（b1 ge 20）*b1：如果 b1 对应的波段值大于等于 20，则保留。

float（b4）/float（b3）：计算两个波段的除法，结果为浮点数。

float 表示计算结果为浮点数，如果不指定，计算结果由图像 b*i* 的数据类型决定。

基本的波段运算如下。

1）整体增强图像的亮度

打开图像 AA。

点击主菜单“Basic Tools”→“Band Math”后出现如图 5.22（a）所示的对话框。如果已有表达式文件（*.exp），可以点击“Restore”调入。

输入表达式：

b1+20

确定后，出现变量波段匹配对话框[图 5.22（b）]。

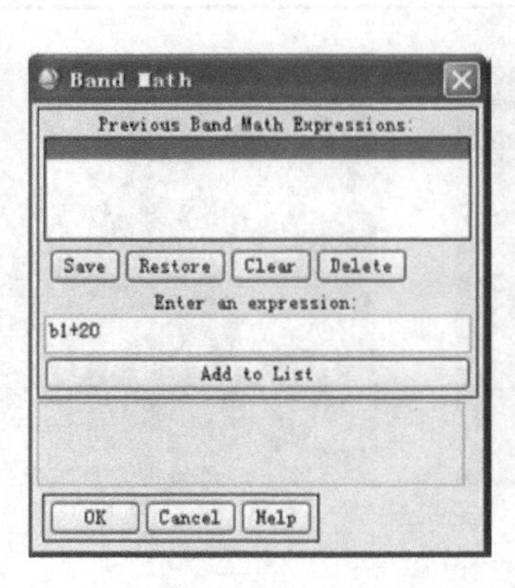

（a）波段运算对话框

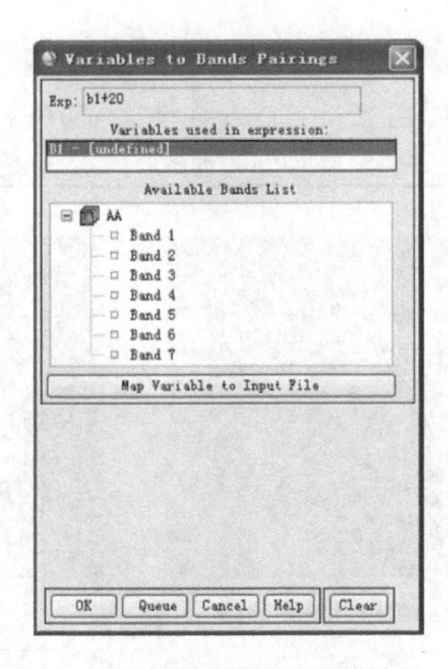

（b）变量与波段匹配对话框

图 5.22 波段运算的基本对话框

点击按钮映射变量到输入文件（Map Variable to Input File）。

在出现的 Band Math Input File 窗口中，选择图像 AA，确定。

确定输入结果到内存中，确定。

在窗口#1，使用原始数据（3,2,1）合成显示。在窗口#2，使用波段运算的结果合成显示。连接#1 和#2，在图像窗口中的图框内双击，对比查看像素值。

2）利用 ENVI 功能计算 NDVI

计算 AA 图像的 NDVI，进行密度分割。将计算结果与使用波段运算表达式计算结果进行比较。

通过该练习，理解数据类型对计算结果的影响。

点击菜单“Transform”→“NDVI”。

选择图像 AA，文件类型为 TM，红波段、近红外波段分别对应 3、4 波段，输出结果到内存，数据类型为浮点数。确定。

对产生的图像进行密度分割，使用的分级数为 3。结果如图 5.23 所示。

3）利用代数表达式计算 NDVI

点击主菜单“Basic Tools”→“Band Math”，输入下面的表达式后确定：

（b4-b3）/（b4+b3）

将 b3,b4 分别对应 AA 图像的 3，4 波段。确定。

显示结果图像如图 5.24 所示。

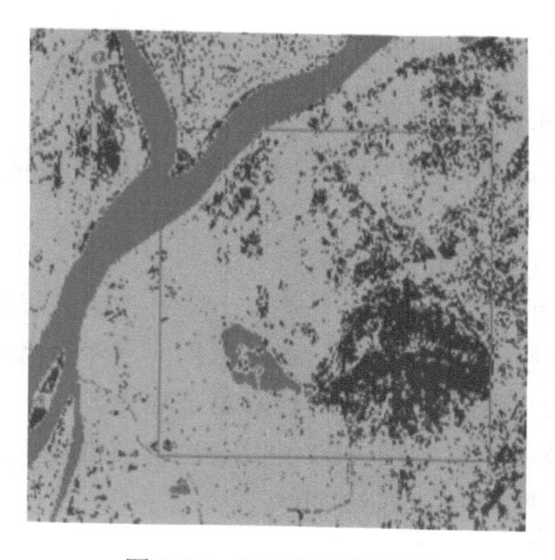

图 5.23 图像密度分割实例

图 5.24 简单波段运算产生的 NDVI 图像

该图像与上面计算的 NDVI 图像有什么不同？为什么？

分别使用下面的两个表达式进行计算，并显示比较计算结果（图 5.25）。

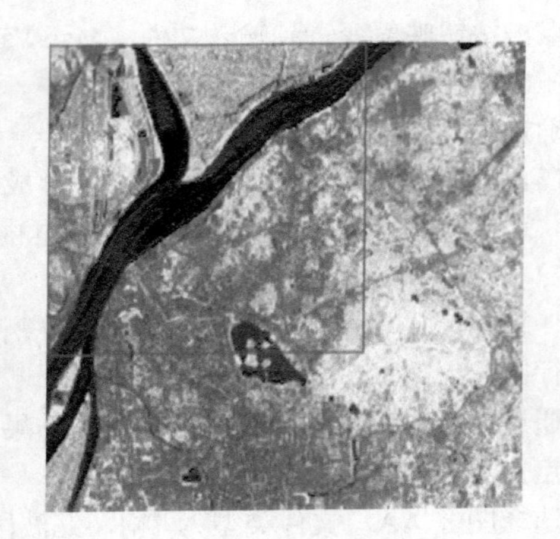

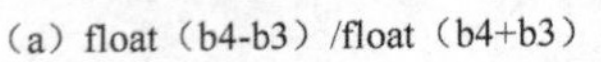

（a）float（b4-b3）/float（b4+b3）　　（b）（float（b4）-float（b3））/（float（b4）+float（b3））

图 5.25　不同表达式计算结果的比较

float（b4-b3）/float（b4+b3）

（float（b4）-float（b3））/（float（b4）+float（b3））

问题 4:

哪个表达式的计算结果与 ENVI 菜单 NDVI 的结果相同？为什么？

看原始数据的值，判断哪个表达式的计算结果与实际相符。

手工计算图像的第一主成分得分并与 ENVI 计算的第一主成分得分进行比较

手工计算第一主成分得分。

开波段运算编辑器“Basic Tools”→“Band Math”。

从电子表格“图像主成分计算.xls”中拷贝第一主成分的计算权重到表达式文本框中，然后修改成为下面的形式（图 5.26）计算第一主成分：

-0.9399*b1-0.6087*b2-0.8122*b3-8.9547*b4-21.9916*b5-2.3730*b6-12.4851*b7

确定后，选择 *bi* 与波段的对应关系，其中 b1 对应 Band 1，以此类推。输出结果保存为“AA_PC1_w”。确定。

（2）比较计算结果的差异。在 Band Math 中输入表达式 b1-b2，确定，其中 b1 对应 ENVI 计算的第一主成分得分，b2 对应上面手工计算的主成分。输出结果为内存，然后显示图像，并查看光标位置的像素值。

绘制两个主成分图像的散点图。

问题 5：

散点图的分布有什么规律？

（3）图像中心化。按照 IDL 的程序 pcomp.pro，计算主成分前数据要进行中心化。为此，进行图像中心化处理。

查看统计文件 aa_pc.sta，拷贝各个波段的均值，或者直接从本书提供的电子表格文件中拷贝。然后，类似于步骤（1），依次构造 7 个数学表达式：

B1-82.207881

B2-38.054647

B3-43.80325

B4-47.432761

B5-57.699658

B6-128.728842

B7-29.8401

为了节省时间，可以在“Band Math”窗口，点击“Restore”直接打开“图像变换”子目录下的“aa_pc.exp”。

这里 b1,…,b7 分别对应原始图像 AA 中的 7 个波段。

选择输出计算结果到内存。计算后，“Available Bands List”窗口的列表类似于图 5.27：

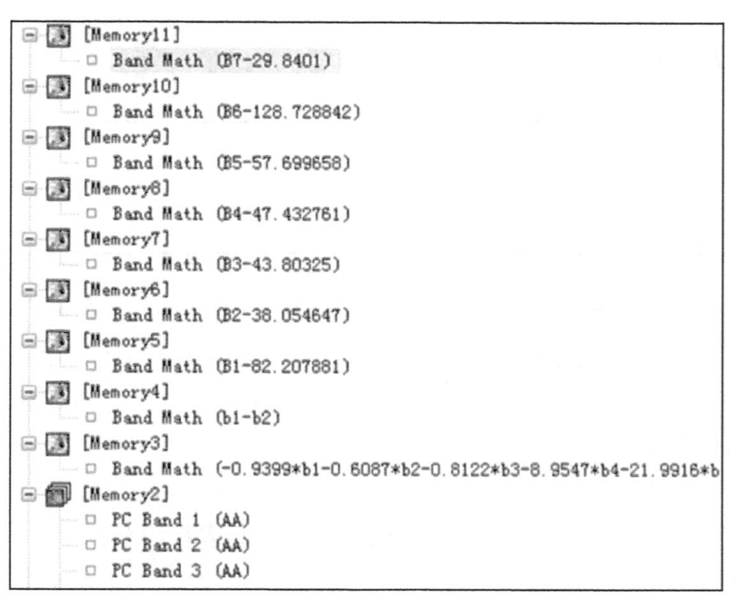

图 5.27 当前使用的数据列表

上述过程完成了对图像的中心化，即 X=X-mean（X）。

（4）利用中心化后的图像手工计算主成分。重复（1）中的步骤，各个 b*i* 对应于（3）产生的计算结果。

（5）重复步骤（2），新计算的结果有什么不同？

（6）直接使用特征向量作为 *U*，例如，第一主成分的 *U* 为-0.0349*b1-0.0226*b2-0.0301*b3-0.3321*b4-0.8155*b5-0.0880*b6-0.4630*b7

使用中心化后的图像作为 X，然后重复（4）和（5），你会发现什么？

结论：

ENVI 中，当使用协方差矩阵进行主成分计算时，直接使用特征向量作为权重，使用了中心化后的图像为输入。ENVI 的主成分计算结果与 IDL 中的计算结果并不相同！

上述各种方法计算的结果中，各个主成分得分之间为线性关系，可以直接进行比较。

（1）比较主成分逆变换的 b1 与原始图像的第一个波段。

构造波段运算表达式：b1-b2，其中，b1 为原始图像第一个波段，b2 为选择保留主成分个数为 4 时的主成分逆变换后的第一个波段。

借助于直方图交互拉伸，分析哪些地物的像素值是正的，哪些地物的像素值是负的。

（2）比较几何纠正中不同重采样结果的差异。

打开保存的文件：njtm_PZ ，aa_pz1,aa_pz2。

利用波段运算：b1-b2，分别两两计算图像差异。选择比较的波段为波段 4，结果保存在内存中。

例如，b1 对应 njtm_PZ 的 4 波段，b2 对应 aa_pz1 的 4 波段。

问题 6：

与最近邻法重采样相比，其他重采样方法最大的差异出现在什么位置，这些位置的地物的空间特征是什么？

设 b1 为字节类型，下面表达式的结果是什么？是浮点数还是字节？

float（b1）*（b1 le 120）/120+b1 gt 120

答案：字节！

正确的表达式为

（float（b1）*（b1 le 120）/120）+float（b1 gt 120）

所以，**波段运算后，一定要核对计算结果是否与要求相符合！**

5. 彩色变换

流程：RGB 合成显示图像→彩色变换→其他操作→彩色逆变换。

1）基本操作

彩色变换菜单位置如图 5.28 所示。

菜单："Transform"→"Color Transforms"→"RGB to HSV 和 HSV to RGB"。

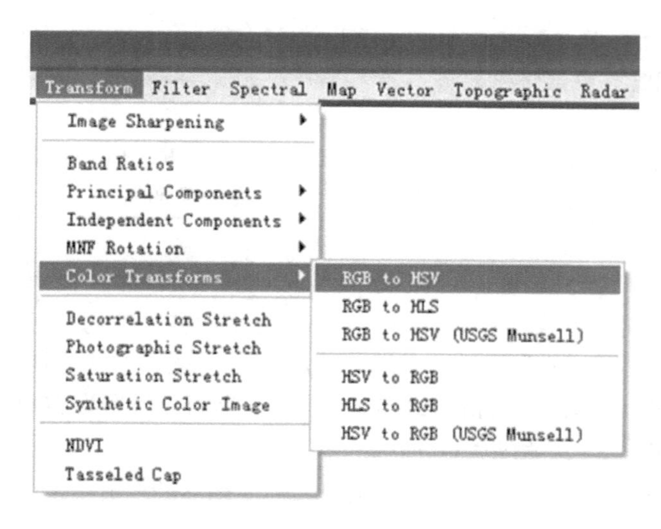

图 5.28 彩色变换菜单

使用 TM 图像（5,4,3）进行 RGB 合成显示，窗口为#1。

（1）彩色正变换。点击主菜单"Transform"→"Color Transforms"→"RGB to HSV"，选择#1 为 HSV 的输入，结果保存在内存中。

将输出图像按照 RGB 合成显示，窗口为#2。

可以对变换后的图像进行其他的处理练习。

（2）彩色逆变换。点击主菜单"Transform"→"Color Transforms"→ "HSV to RGB"。将处理后的 HSV 图像作为输入。

2）利用 HSV 变换提取图像中的绿色地物

数据：光盘文件目录"C5 图像变换\彩色变换\自然色彩中的 HSV"。

（1）理解 RGB 与 HSV 的关系。打开文件 color256.jpg，进行 RGB 合成显示，窗口为#1。转换显示为 HSV，然后分别在#2、#3、#4 窗口单色显示 H、S、V。连接窗口#1～#4。

问题 7：

不同的 RGB 的颜色与 HSV 有什么关系？绿色对应的 H 和 V 的数值范围是多少？

（2）提取图像中的绿色地物。打开文件 33602560_1024.jpg，进行 RGB 合成显示，窗口#1。转换显示为 HSV，然后，进行波段运算：

（b1 gt 80 and b1 lt 150）*b1

其中，b1 对应 H。计算结果保存在内存中，在#2 窗口显示。连接#1 和#2，进行对比显示。

问题 8：

如果提取蓝色的天空，应该如何处理？

如何基于 H 图像显示对应的颜色？

练习 3：

使用相同的数据，比较 RGB to HLS、HLS to RGB、RGB to HSV（USGS Munsel）、HSV to RGB（USGS Munsell）变换结果与上述变换结果的差异。

6. 图像融合

利用彩色变换进行图像的数据融合，增强图像中的特定地物信息。

数据：ETM+数据，全色图像，文件 L720000612_pan，空间分辨率 15m。多光谱图像，文件 L720000612_B17，包括 1,2,3,4,5,7 波段，空间分辨率为 30m。

光盘文件目录：C1 实验准备\数据\ L7_20000612。

主菜单："Transform" → "Image Sharpening"（图 5.29）。

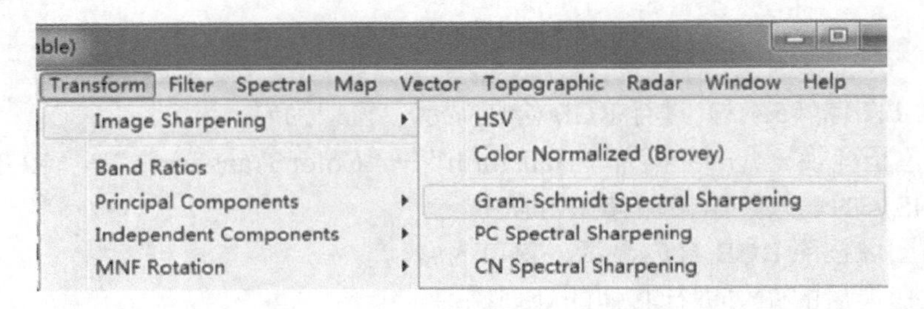

图 5.29　图像锐化

要点：①数据类型和值域要与算法的要求一致。②显示窗口可以作为图像的输入。这意味着，scrn 的值，而不是文件的值可以用来做输入数据。也就是说，图像拉伸的结果可作为彩色变换的输入数据。

1）HSV 直接图像融合

（1）数据准备。打开图像，查看图像的大小。将多光谱图像重采样到 15m（**为什么不是将全色图像重采样到 30m？**）。

（2）直接使用图像数据作为输入。关闭所有的图像显示窗口。点击上述菜单，选择 RGB 输入为（5,4,3）（突出了什么信息？），选择全色波段为高分辨率数据，输出到内存中。结果图像在#1 窗口显示。

（3）使用拉伸后的数据作为输入。将（5,4,3）进行 RGB 合成显示，窗口为#2，并对 Scroll 窗口进行图像的均衡化。然后，点击上述菜单，选择#2 作为彩色图像的输入；其余相同。显示见图 5.30。

对比（2）和（3）的结果，会发现（3）的结果中，绿色更为浓艳，也就是说，图像的饱和度比较高。

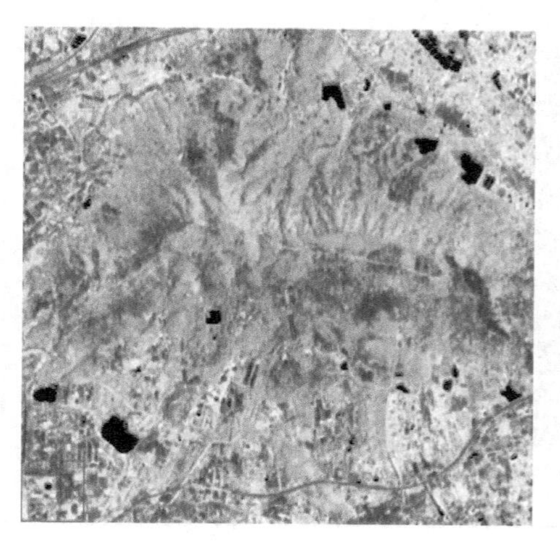
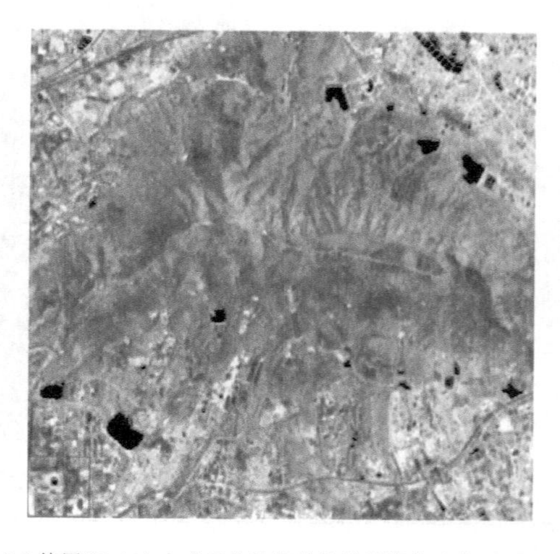

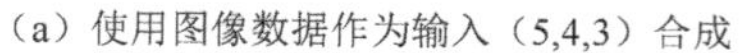
（a）使用图像数据作为输入（5,4,3）合成

（b）使用（5,4,3）合成后的均衡化拉伸图像作为输入（5,4,3）合成

图 5.30　不同参数选择的彩色变换结果

图像融合前后的效果如图 5.31 所示。由于增加了全色波段中的空间信息，融合后图像具有了更多的细节（图 5.31）。

2）HSV 间接融合

将（5,4,3）进行 RGB 合成显示后，转换为 HSV，然后进行 HSV 到 RGB 的逆变换，其中 HSV 对应的输入分别为 Hue，Sat，PAN。也就是说，将全色图像替换 V 成分。这样的操作也就是进行图像融合。

结果保存在内存中。按照 RGB 合成显示，窗口为#3（图 5.32）。

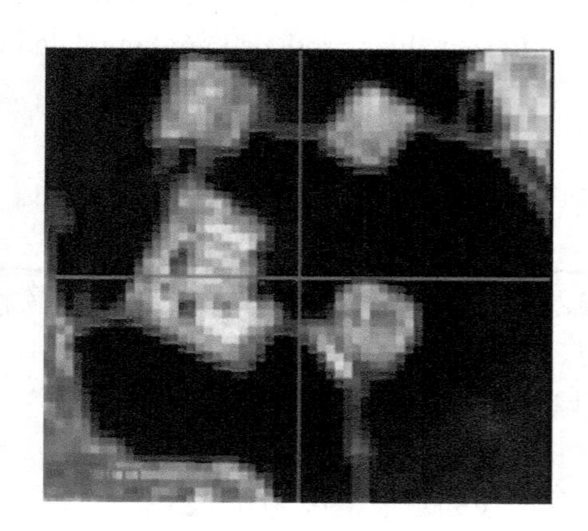
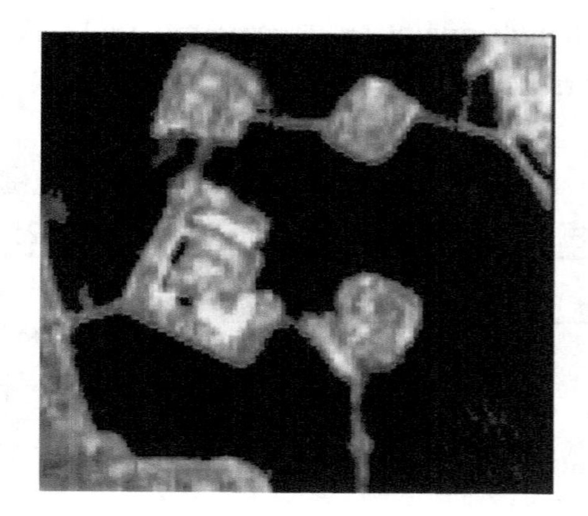

（a）（5,4,3）彩色合成显示，均衡化拉伸

（b）以（a）显示为输入的 HSV 锐化结果

图 5.31　图像融合前后对比

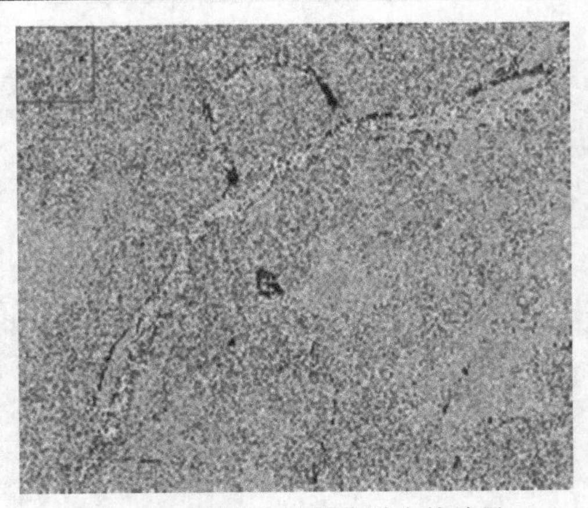

图 5.32　直接进行图像融合的结果

问题 9：

#3 窗口图像怎么会产生这样的结果？

重复上面的操作，不同的是，逆变换步骤中选择原来的 Value 作为 V 的输入。

比较逆变换输出的结果与原始数据，会发现二者完全相同。也就是说，RGB-HSV 正逆变换的算法没有错误。

进入在线帮助系统，查找“Color Transforms”，向后面翻阅，会找到这样的句子：

The input H, S, and V bands must have the following data ranges: Hue = 0 to 360, where 0 and 360 = blue, 120 = green, and 240 = red; Saturation ranges from 0 to 1.0 with higher numbers representing more pure colors; Value ranges from approximately 0 to 1.0 with higher numbers representing brighter colors. The RGB values produced are byte data in the range 0 to 255.

概括地说，就是：

HSV 需要输入图像的数据是有值域范围的，HSV 的值域分别为 0～360，0～1，0～1。全色波段数据类型为字节，值域为 0～255。

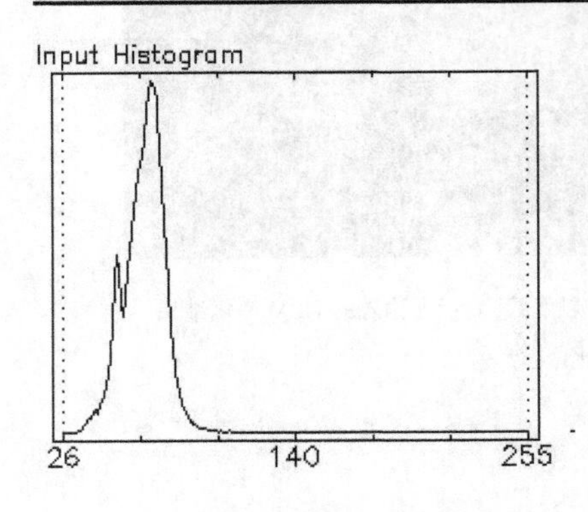

图 5.33　全色波段的直方图

如果输入的数据不符合上述要求，结果图像就会是错误的。

计算图像统计（菜单：“Basic”→“Statistics”→“Compute Statistics”）或查看图像的数据类型，可以知道，全色波段的数值范围为 0～255。

将全色波段的像素值变换到 0～1。

（1）直接使用代数表达式进行变换：

float（b1）/max（b1）

（2）根据阈值进行变换。查看全色波段直方图（图 5.33），可以看到，水体的像素值小于 60。为此，做波段运算：

（float（b1）*（b1 le 60）/60）+float（b1 gt 60）

其含义是：如果像素值小于等于 60，那么变换到 0～1，如果大于 60，那么赋值为 1。

以图像数据的 5，4，3 作为彩色正变换的输入，在彩色逆变换中，分别使用上面计算的结果代替 V，产生两个图像融合结果。

显示融合结果，并进行图像的 Scroll 均衡化拉伸（图 5.34）。

（a）直接进行 HSV 数据融合

（b）全色波段像素值 0～1 化

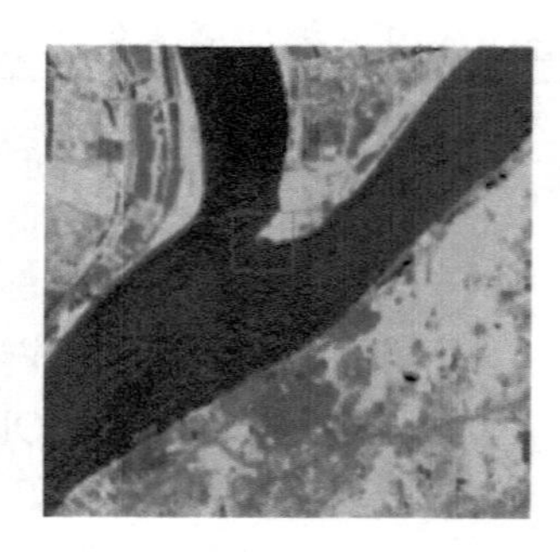

（c）全色波段像素值 0～60 进行 0～1 化

图 5.34　使用图像输入作为数据的图像融合结果比较

显示进行了均衡化拉伸增强

启发：针对增强不同地物信息的需要，可以先进行图像的增强处理，然后进行逆变换。包括：变换输入数据的增强，使用高分辨率数据进行数据融合的增强处理。

问题 10：

1. 如果要在融合后突出植被信息，压抑水体信息，需要进行哪些增强处理？

2. 使用缨帽变换的前三个分量作为输入，通过彩色变换后的数据融合，会增强哪些信息？

3. 使用主成分变换的前三个成分作为输入，通过彩色变换后的数据融合，会增强哪些信息？

3）分区图像融合

数据：光谱目录“C5 图像变换\图像融合\L8 数据”。

将多光谱图像的地物分为两部分，其中的水体不进行图像融合。

分别打开多光谱图像 th20130719L8 和全色图像 LC81190382013200 LGN00_B8。多光谱图像重采样为 15m，然后作为基准剪裁全色图像。剪裁后全色图像和多光谱图像的大小相等。

使用 Gram-Schmidt 方法进行图像融合，结果在#1 窗口显示。

使用波段运算：b2 gt b5　提取水体。

进行如下波段运算，结果在#2 窗口显示。

b1*b2+b3*（1-b2）

其中，b1 为多光谱图像；b2 为水体；b3 为上述融合后的图像。

对比分析窗口#1 和#2 的差异。

练习 4:

使用“图像融合”子目录下的数据，对菜单“Transform”→“Image sharpening”中的图像融合方法进行实验，对比融合结果。建议通过阅读在线帮助、查阅相关资料后，使用上述数据进行练习，以理解掌握图像融合的原理及其优缺点。

四、课后思考练习

（1）傅里叶变换的工作步骤是什么？怎么才能定义一个“适用”的滤波器？

（2）对比 REMOVE HORIZON BAND DSCF0114.JPG 和 fftCIRCUIT A.bmp，哪个使用 FFT 处理后的效果比较好，为什么？

（3）实验用的 AA 图像的低频成分主要是什么？

（4）主成分变换后的各个成分间有什么差异？怎么选择主成分的个数？如何解释主成分？

（5）将南京图像数据 AA 中的玄武湖部分（选取 80×100 大小）转换为文本格式的数据（以各个像素作为记录，以 7 个波段作为变量），使用 SPSS 中的因子分析进行计算，得到的结果会有什么不同？统计软件中的主成分分析与专业遥感软件中的主成分分析有什么差异？

（6）如何将图像变换和图像显示增强结合起来，突出植被的信息？

（7）使用 ENVI 中的图像波段运算需要注意哪些问题？

（8）彩色变换的基本方法有哪些？如何利用彩色变换实现不同分辨率图像的数据融合？

（9）不同的图像融合方法的优缺点是什么？弥补其缺点的图像处理方法有哪些？

（10）图像融合前后光谱特性发生了哪些变化？如何进行对比分析？给出图像处理的流程图。

（11）使用什么方法对比图像处理结果之间的差异？依赖图像显示判定图像间的差异是可靠的吗？可用的定量评价方法有哪些？

（12）使用“图像变换\图像融合\GF1 数据”中的图像进行图像融合锐化。

（13）使用“图像变换\彩色变换\自然色彩中的 HSV”中的图像进行彩色变换。

（14）使用“图像变换\fft”中的其他图像进行傅里叶变换。

五、程 序 设 计

编写程序，实现 TM 图像的缨帽变换、波段运算、HSV 彩色变换。

六、课 外 阅 读

（1）阅读随书光盘“图像融合”目录下的“Quattro 的画质退步了吗——Sigma 论坛”网页内容。

（2）网络查找关键词“华为 P20　Pro 手机”，进一步理解图像融合方法的应用。

实验六　图 像 滤 波

一、目的和要求

1. 目的

熟悉图像滤波特别是平滑和锐化的基本方法，理解典型的卷积核的作用。

2. 要求

能够根据地物的特征，有针对性地进行平滑和锐化操作。

能够正确的选择卷积核进行计算。

3. 软件和数据

ENVI 软件。

图像数据：TM 图像 AA、IKONOS 图像 Iknos pan.tif、照片等。

二、实 验 内 容

（1）图像平滑。

（2）图像锐化。

（3）卷积核大小对平滑和锐化的影响。

（4）单色图像与彩色图像的平滑锐化。

三、图像处理实验

在 ENVI 中（以及多数的遥感图像处理系统中），图像平滑和锐化处理的区别在于卷积核的选择。

数据：TM 图像 AA、IKONOS 图像 Iknos pan.tif。

比较不同分辨率的数据进行平滑锐化处理的差异。

图像的锐化还可以通过不同空间分辨率的数据融合来达到目的，见主菜单："变换"（Transform）→"图像锐化"（Image Sharpening）（图 6.1）。

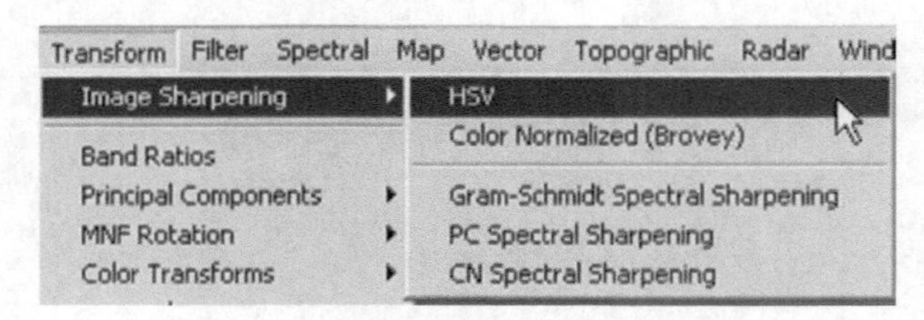

图 6.1　图像锐化菜单

点击主菜单"滤波"（Filter）→"卷积和形态学方法"（Convolutions and Morphology）[图 6.2（a）]。

在出现的对话框中，使用“卷积”方法。其中，低通（Low Pass）、中值（Median）、高斯低通（Gaussian Low Pass）为平滑，其余方法为梯度。

本实验所有的滤波处理均在卷积（Convolutions）子菜单下[图 6.2（b）]。

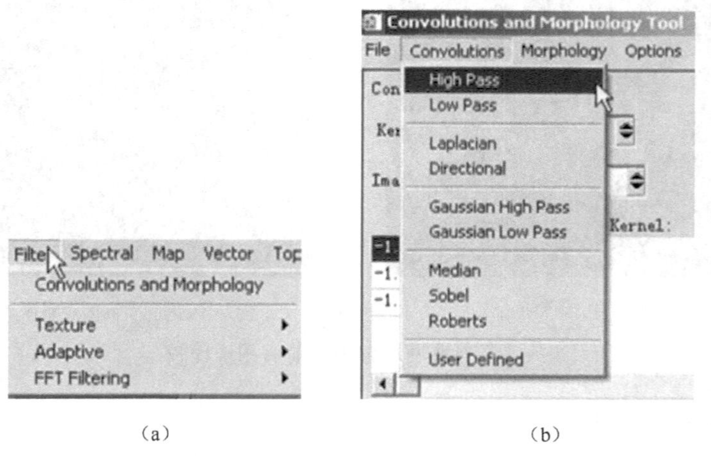

（a）　　　　　　（b）

图 6.2　主菜单滤波卷积和卷积窗口菜单

1. 图像平滑

1）低通滤波

点击子菜单 Convolutions 下的“Low Pass”项，出现如图 6.3 所示窗口。

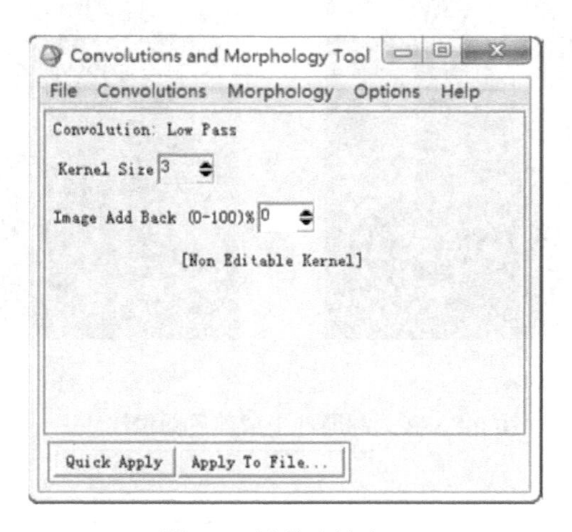

图 6.3　低通滤波窗口

使用默认的窗口大小（Kernel Size），点击用于文件。

选择 AA，并将结果保存在内存中。

使用（4,3,2）合成显示原始图像和低通滤波后的图像，窗口分别为#1 和#2，连接两个窗口（图 6.4）。比较平滑前后图像的差异。

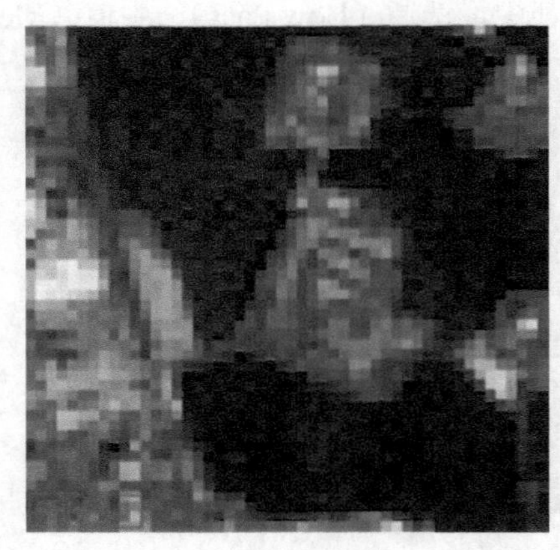

（a）原始图像　（b）低通滤波处理

图 6.4　玄武湖局部平滑前后图像比较

2）中值滤波和高斯低通滤波

分别使用中值滤波和高斯低通滤波处理图像 AA（卷积窗口大小均为默认 3），使用相同的彩色合成显示（图 6.5），窗口分别为#3 和#4。

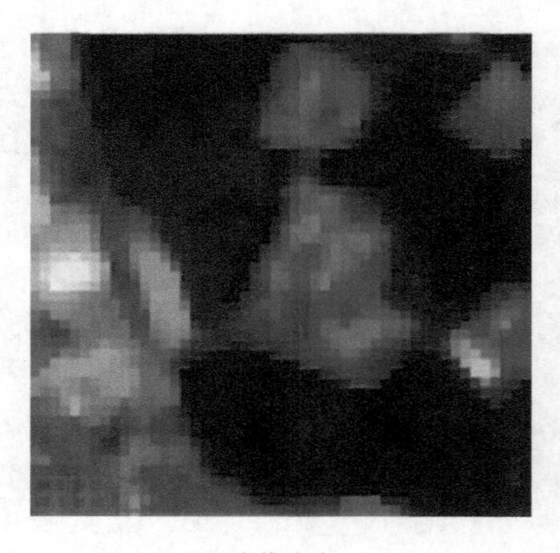

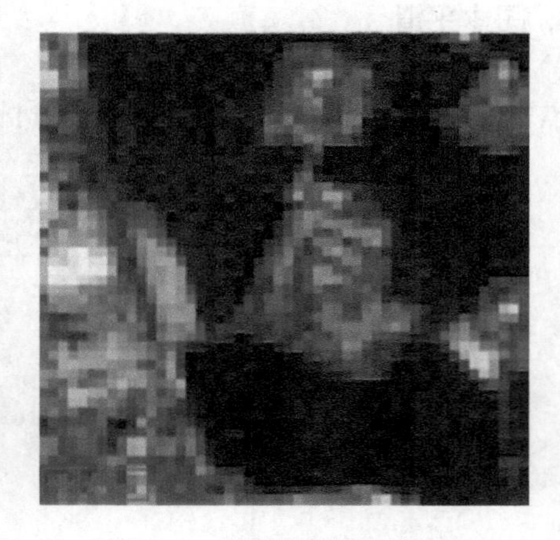

（a）中值滤波　（b）高斯低通滤波

图 6.5　玄武湖局部平滑前后图像比较

问题 1：

低通、中值、高斯低通三种平滑方法中，哪种平滑处理的效果最明显？

以第四波段为例，显示 X-Y 散点图，其中，X 为原始图像的 4 波段，Y 为滤波后图像的 4 波段。散点图分别为原始图像-低通滤波、原始图像-中值滤波、原始图像-高斯低通滤波、低通滤波-中值滤波；移动 Scroll 窗口的矩形框，查看散点图的变化并进行比较（图 6.6）。

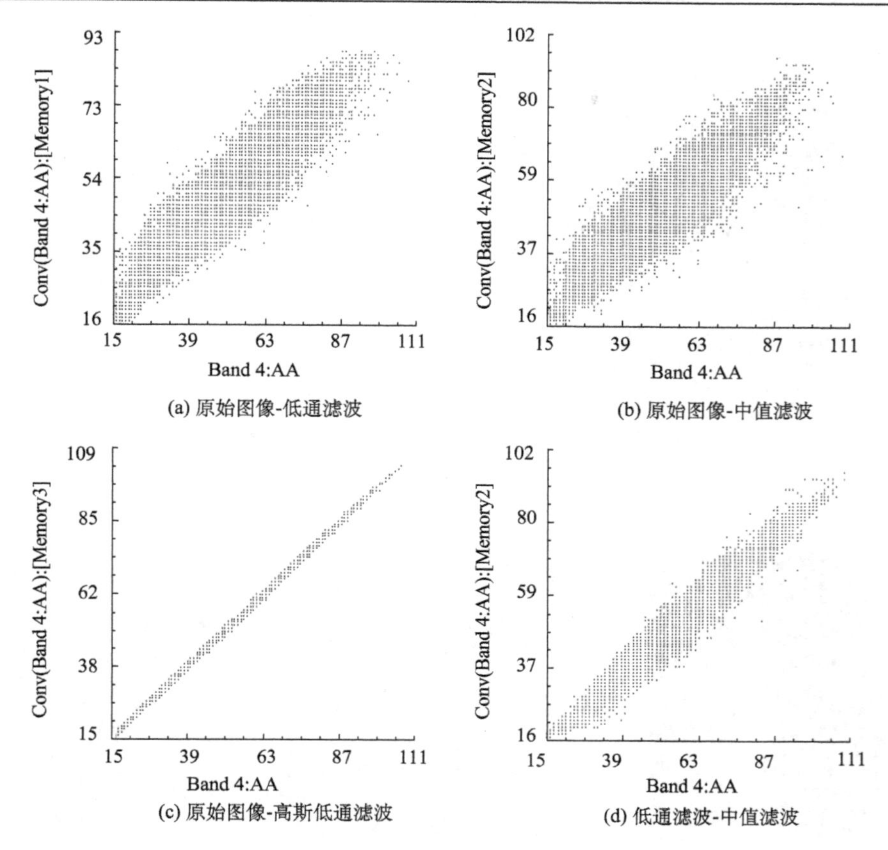

图 6.6　不同平滑结果的比较

随 Image 窗口中的内容不同，散点图结果会有所差异

思考：哪种滤波结果与原始图像之间的线性关系最明显？这种线性关系的含义是什么？

显示散点图的操作：图像窗口→“Tools”→“2D Scatter Plots”。

3）使用平滑去除标准的噪声

关闭所有文件和窗口。

打开“平滑”目录下的“高斯噪声.bmp”和“椒盐噪声.bmp”文件，进入指定的名录，选定两个文件，然后打开。

使用灰阶的方式显示两个图像（图 6.7），显示窗口分别为#1 和#2。

选择低通滤波，核大小为 3,点击快速应用（Quick Apply），指定输入波段为高斯噪声的 R 波段（任意一个波段均可），处理结果显示在#3 中。

选择中值滤波，操作同上。选择高斯低通滤波，操作同上。结果见图 6.8。

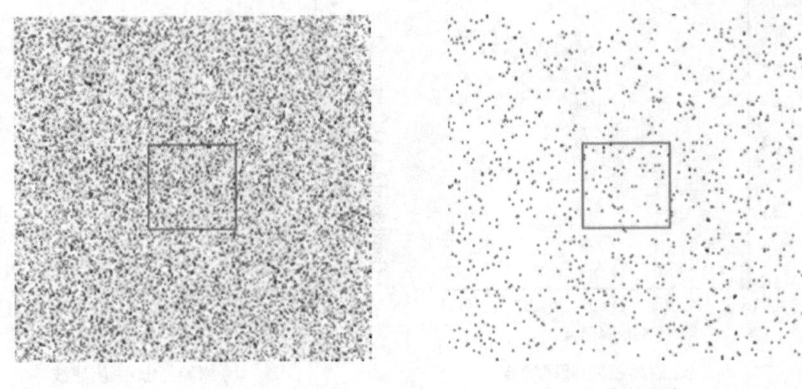

（a）高斯噪声　（b）椒盐噪声

图 6.7　两种典型的噪声图像

（a）低通滤波

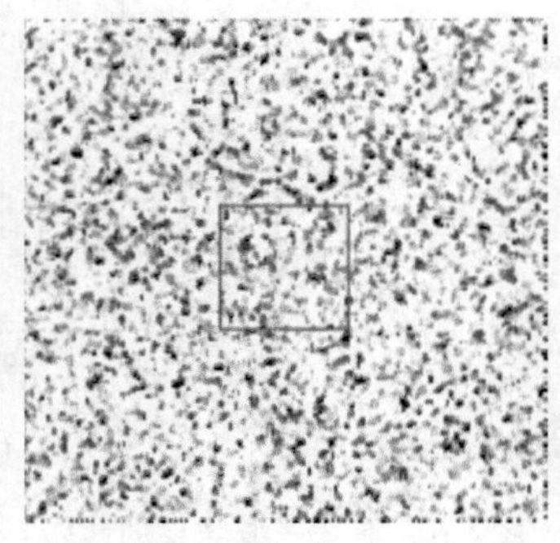

（b）中值滤波

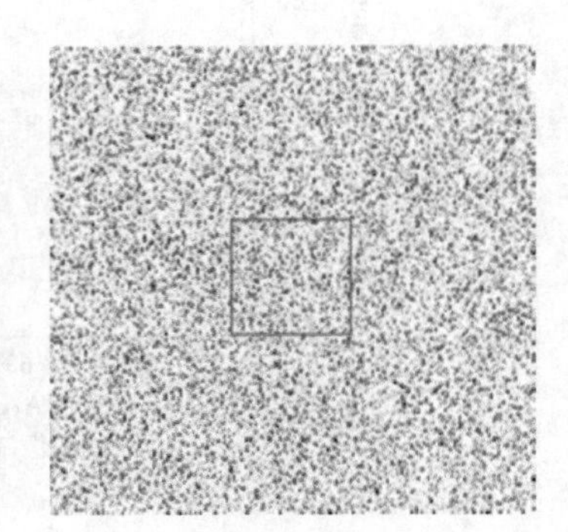

（c）高斯低通滤波

图 6.8　高斯噪声的平滑，核大小为 3

问题 2：

对于高斯噪声，哪种平滑方法处理的效果最好？

改变核大小为 9，重复上面三个平滑操作，结果有什么变化？

如果核大小为 19，结果又如何？

指定图像为椒盐波段（“Options” → “Change Quick Apply Input Band”），核大小为 3。重复上面的对比操作，比较不同平滑方法处理的结果（图 6.9）。

改变核大小为 9 和 19，比较结果的差异。

4）使用平滑去除遥感图像中的噪声

关闭所有的窗口和打开的文件。

打开文件“TM3 图像中的噪声.bmp”和“去除图像中的噪声（中巴卫星 1 图像）.bmp”。这两个图像一个是单色图像，一个是彩色图像（图 6.10）。

（a）低通滤波　　　　　　（b）中值滤波　　　　　　（c）高斯低通滤波

图 6.9　椒盐噪声的平滑处理，核大小为 3

（a）TM3 图像中的噪声，80%缩小显示　　　（b）去除图像中的噪声（中巴卫星 1 图像），60%缩小显示

图 6.10　具有噪声的遥感图像

问题 3：

1. 随着卷积核大小的增加，低通和高斯低通处理效果改善了吗？
2. 相同核大小的情况下，三种方法两种噪声，什么方法适合于处理什么噪声？
3. 改变核大小，哪种平滑方法处理效果变化最大？
4. ENVI 软件中，为什么椒盐噪声经过中值滤波后图像的边缘仍然有残余值？

根据已有的知识，可以判断上述图像中的噪声属于椒盐类型。

使用中值滤波，快速应用到 TM3 图像。核大小分别为 3,5,7，比较处理结果（图 6.11）。

使用灰阶方式分别显示去除图像中的噪声（中巴卫星 1 图像）的 RGB，窗口分别为#3，#4 和#5。连接窗口 1,3,4,5，比较噪声在不同波段的分布特点（图 6.12）。

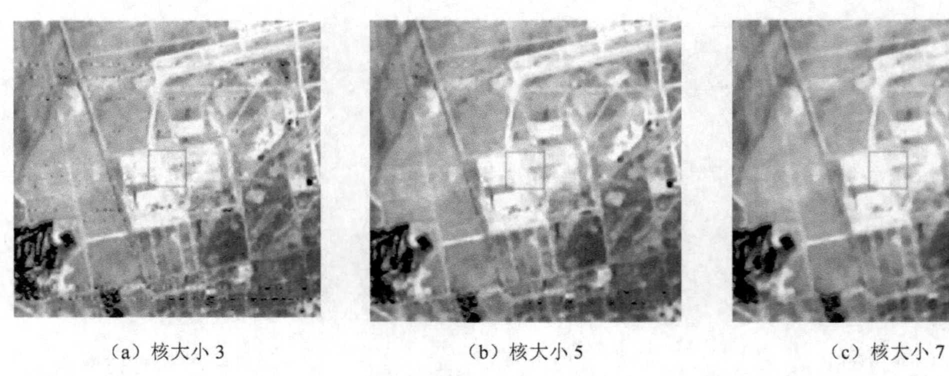

（a）核大小 3　　（b）核大小 5　　（c）核大小 7

图 6.11　中值滤波

TM3 图像右上部，Image 窗口，40%缩小显示

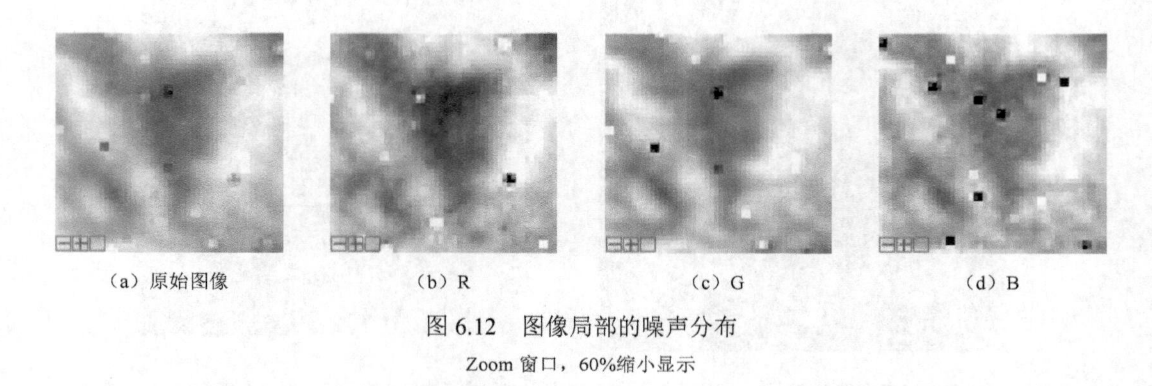

（a）原始图像　　（b）R　　（c）G　　（d）B

图 6.12　图像局部的噪声分布

Zoom 窗口，60%缩小显示

使用中值滤波快速应用的方式，分别平滑 RGB 通道图像，确定平滑需要的最小的核大小，然后对图像进行平滑。

图 6.13 是核大小为 5 时的平滑结果。

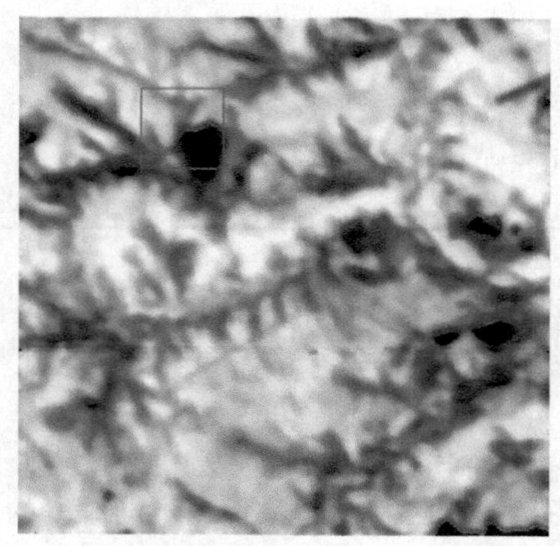

图 6.13　去除图像中的噪声（中巴卫星 1 图像.bmp）

中值滤波，核大小 5

问题 4：

彩色图像平滑和单色图像平滑的差异是什么？

练习 1：

处理 IKNOS_gauss 和 IKNOS_salt 遥感图像中的噪声。

5）课后练习

使用平滑方法，去除“REMOVE DARK PART DSCF0079.JPG”和“Smooth remove noise DSCF0001.JPG”中的噪声。

建议：

对比 ENVI 的平滑处理结果与其他软件的处理结果。

2. 图像锐化

关闭所有打开的窗口和文件。

1）梯度算子

梯度是很重要的概念。

图像：显卡_7221390.jpg。

打开“显卡”图片，彩色显示，窗口为#1（图 6.14）。

图 6.14　显卡板图像

由于 ENVI 无法设置 2×2 的核，使用 3×3 的核进行模拟运行，比较不同梯度的结果。注意比较水平线条、垂直线条、倾斜线条、圆、矩形和字符锐化的结果。

菜单：“Convolutions” → “User Defined”。

显示如图 6.15 所示窗口。定义第 3 行和第 3 列的值为 0。

基本梯度：

$$h_1=\begin{array}{|c|c|}\hline 1 & 0 \\ \hline -1 & 0 \\ \hline \end{array}\quad h_2=\begin{array}{|c|c|}\hline 1 & -1 \\ \hline 0 & 0 \\ \hline \end{array}$$

窗口中的卷积核定义见图 6.15。

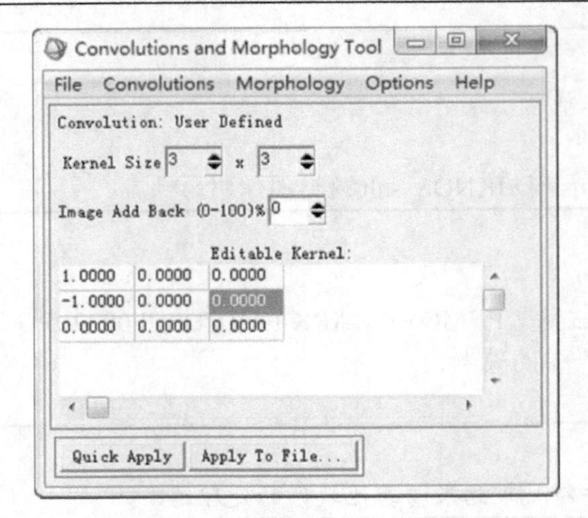

图 6.15　自定义卷积核窗口

指定波段为绿波段（请自己对比红波段和蓝波段）。

显示的窗口为#2。连接窗口#1 和#2。

请对比如下结果。

（1）罗伯特梯度，卷积核设定为（注意，这里仅仅是为了演示，这些不是真正的罗伯特梯度算子）：

1	0	0
0	−1	0
0	0	0

h_1

0	−1	0
1	0	0
0	0	0

h_2

对比 h_1 和 h_2 的结果（图 6.16），将 h_1 和 h_2 的结果加和（图 6.17），与单独的处理结果进行比较。

（a）原始图像

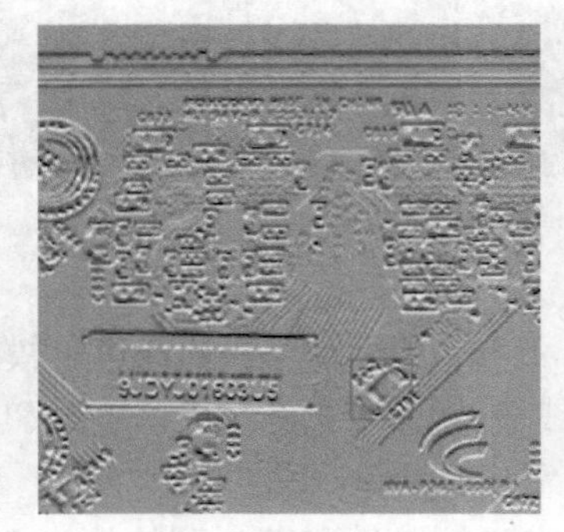

（b）卷积核 h_1

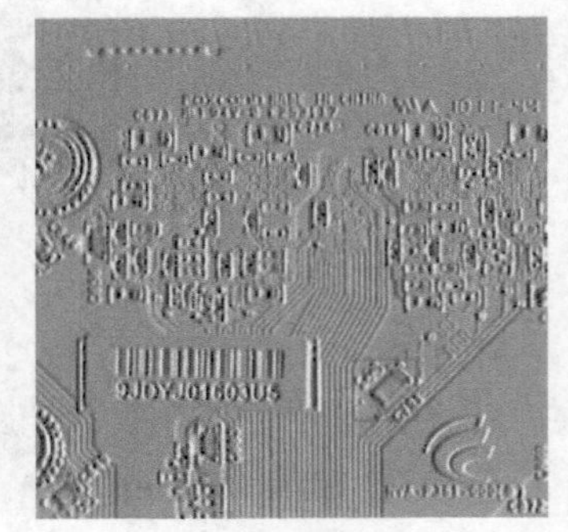

（c）卷积核 h_2

图 6.16　绿通道不同卷积核的处理结果（40%显示）

（a）原始图像局部

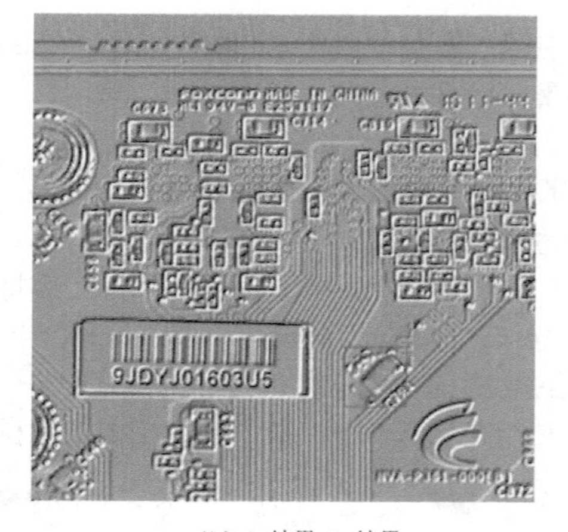

（b）h_1 结果+h_2 结果

图 6.17　图像处理后的结果（60%显示）

（2）Sobel 梯度，卷积核设定为

$$h_1=\begin{array}{|c|c|c|}\hline -1 & -2 & -1 \\ \hline 0 & 0 & 0 \\ \hline 1 & 2 & 1 \\ \hline \end{array}\qquad h_2=\begin{array}{|c|c|c|}\hline -1 & 0 & 1 \\ \hline -2 & 0 & 2 \\ \hline -1 & 0 & 1 \\ \hline \end{array}$$

对比 h_1 和 h_2 的结果，将 h_1 和 h_2 的结果加和，与单独的处理结果进行比较。将两个梯度加和后的处理结果进行比较（图 6.18）。

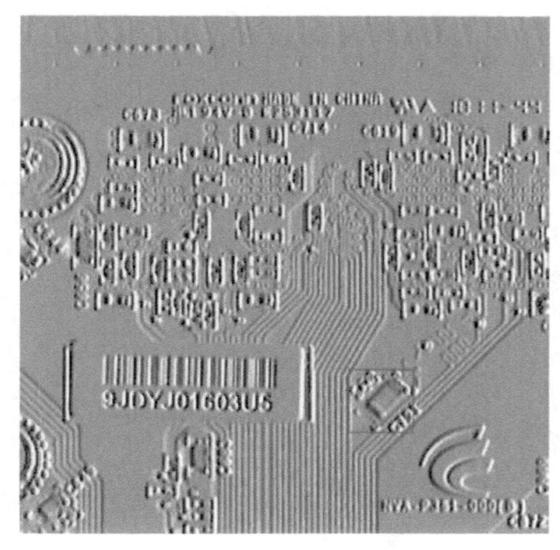

（a）罗伯特梯度 h_1+h_2 的结果

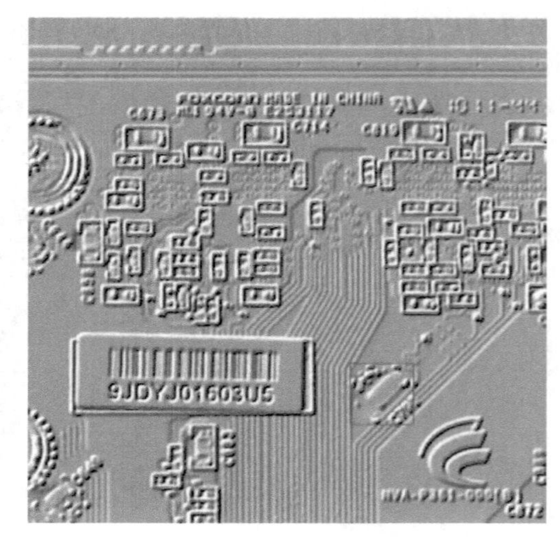

（b）Sobel 梯度 h_1+h_2 的结果

图 6.18　不同梯度算子锐化结果比较

问题 5：

为了锐化水平、垂直、倾斜线条，应该分别选择哪些梯度算子？

使用“南京小白楼 compare among Sobel Robert and L DSCF0002.JPG”图像比较不同梯度算子锐化的结果。

2）拉普拉斯锐化

图像：EE_sobel la.bmp。

卷积核：3×3。

（1）直接使用 Sobel 进行锐化，然后将原始图像+锐化后的图像作为最后的结果。

操作：“Convolutions”→“Sobel”，点击“Apply to File”，选择“EE_sobel la.bmp”，产生锐化后的梯度图像，保存到内存中。

使用代数运算 b1+b2，将原始图像与梯度图像合并为一个图像（图 6.19）。

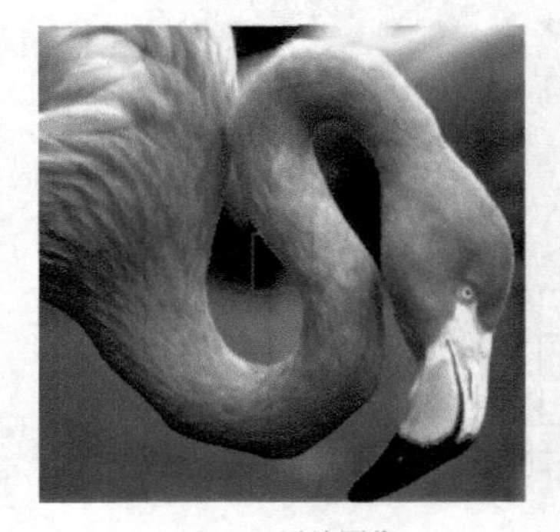

（a）原始图像

+

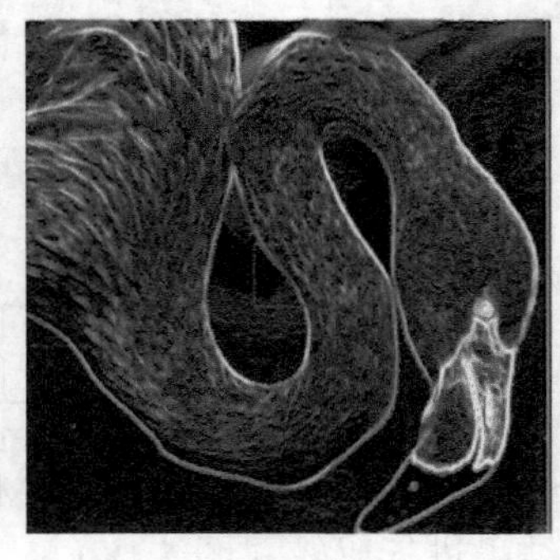

（b）Sobel 梯度

=

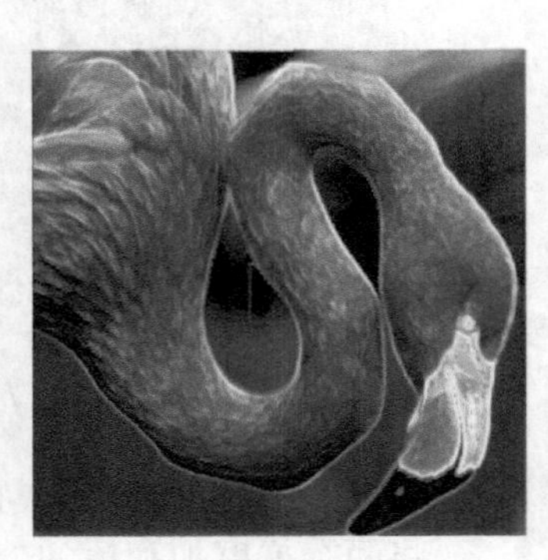

（c）结果图像

图 6.19　Sobel 锐化（40%缩小显示）

（2）使用拉普拉斯直接计算梯度，并将梯度结果与原始图像进行加和作为锐化结果。

操作：“Convolutions”→“Laplacian”，显示窗口如图 6.20 所示。

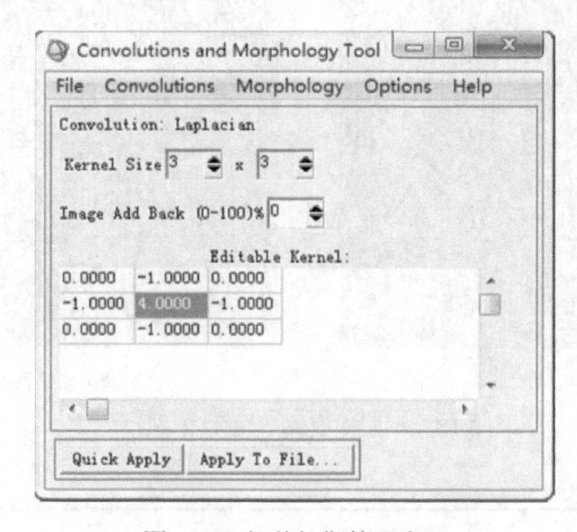

图 6.20　拉普拉斯算子窗口

使用默认参数。

其余的操作与（1）相同。

因为卷积核中心值大于 0，所以锐化结果图像=原始图像+梯度图像。

（3）对图像进行高斯低通滤波，对滤波结果进行拉普拉斯处理，将原始图像与梯度图像加和后作为锐化结果。

对比（2）和（3）的处理（图 6.21），似乎没有差异。使用代数运行 b1-b2 将两个处理结果相减，其中 b1 是低通后锐化的图像，然后对结果的显示进行均衡化，如图 6.22 所示。其中，高亮的部分表明了二者的差异。

（a）直接锐化

（b）低通处理后锐化

图 6.21　不同拉普拉斯锐化流程结果的比较（60%缩小显示）

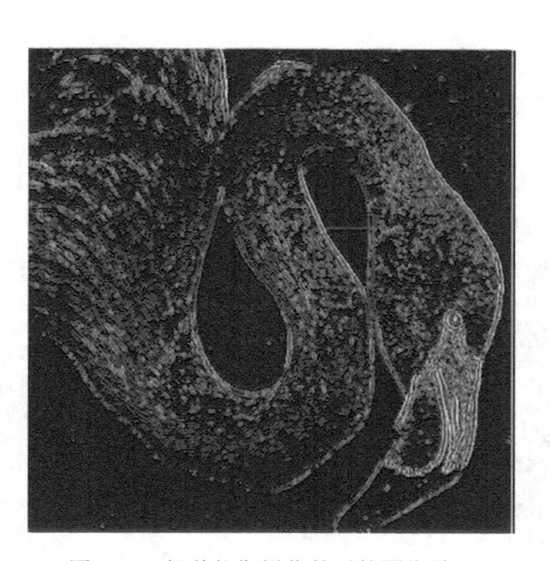

图 6.22　拉普拉斯锐化前后的图像差异

问题 6：

按照如下流程进行处理，结果会有什么差异？

原始图像→原始图像的拉普拉斯梯度→梯度图像的高斯低通滤波→原始图像+低通滤波结果。

观察分析原始图像的拉普拉斯梯度图像，为什么要进行低通滤波处理？

分别使用 AA 图像和 IKNOS nj part field，按照上述流程进行锐化处理，比较锐化结果的差异。

改变卷积核为 9,19，按照（3）进行操作，比较结果的差异。

3）定向滤波

关闭所有窗口和文件。

图像：南京 AA 图像。

操作："Convolutions" → "Directional"。

输入 30°，显示的结果如图 6.23 所示。

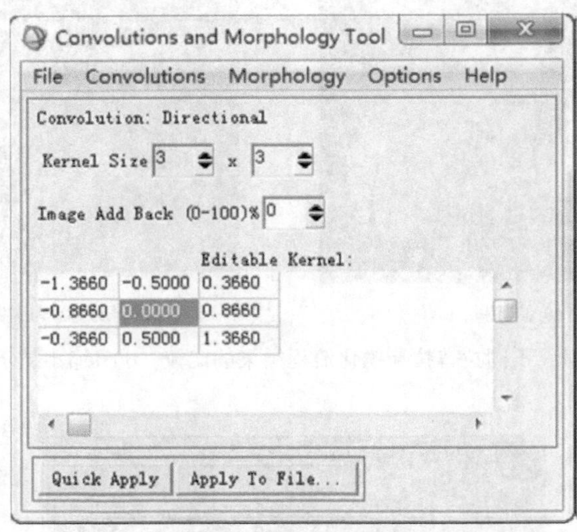

图 6.23　定向滤波窗口

使用 3×3 滤波核对图像文件进行锐化。

将计算的梯度图像与原始图像加和，产生最终图像（图 6.24）。

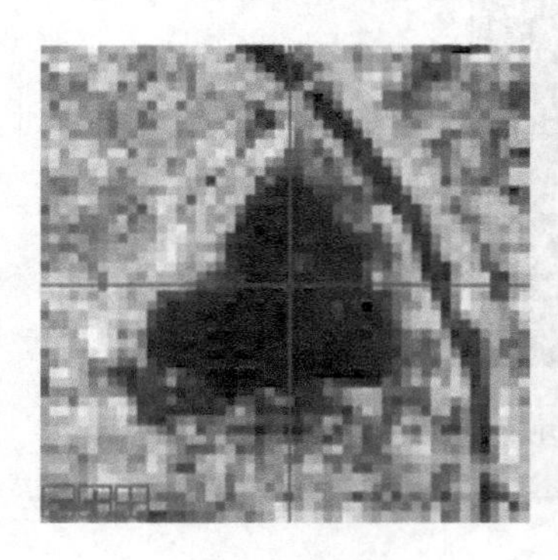

（a）原始图像（3,2,1）

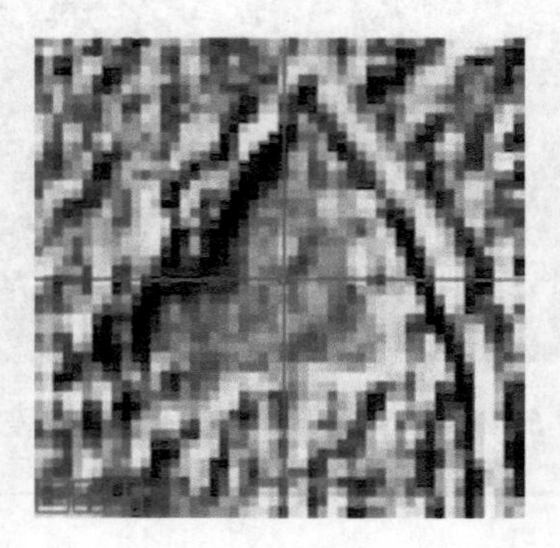

（b）定向滤波梯度

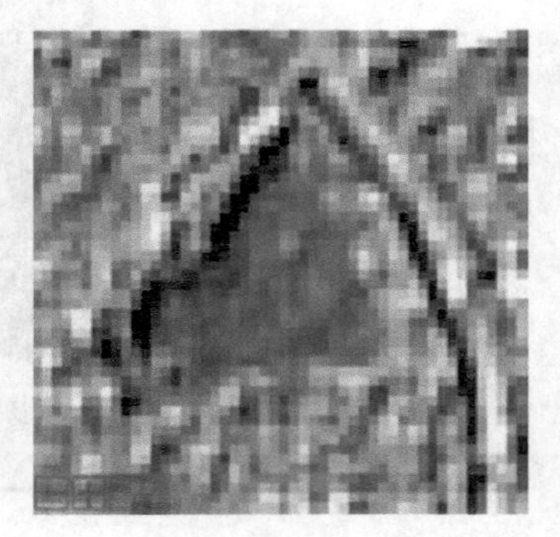

（c）原始图像+定向滤波梯度

图 6.24　南京莫愁湖（定向滤波，3×3）

将定向滤波的结果与拉普拉斯锐化的结果进行对比。

改变卷积核大小，重复如上操作，比较差异。

4）使用自定义滤波

选择图 6.23 中的窗口菜单：文件→恢复核…，打开文件：图像滤波\卷积核\ log5.ker。

对图像 AA 进行自定义滤波，然后与上述滤波结果进行对比。

3. 综合实验

（1）对“机场 锐化线性地物　from google map.bmp”进行锐化：①突出跑道信息；②突出飞机的轮廓。

（2）对“花.jpg”进行平滑和锐化处理，并与 Photoshop 进行比较。

（3）对图像 AA 的第四波段，计算 5×5 窗口的均值滤波图像和拉普拉斯梯度图像，然后对其分别进行傅里叶变换，对比二者频率域图像的差异。

（4）对于 AA 的 4 波段：①设定窗口大小为 7×7，分别进行均值滤波、高斯低通滤波和拉普拉斯梯度计算，得到平滑和梯度图像，分别统计原始图像和滤波后图像的标准差，对比分析标准差和图像直方图的变化。②设定窗口大小为 7×7，进行高斯低通滤波，然后，对滤波后的图像将窗口大小增加 2、4、6 进行高斯低通滤波，得到 4 个平滑后的图像，对比分析原始图像和滤波后图像的标准差图像直方图的变化。理解平滑和梯度对图像标准差和直方图的影响。

（5）从 ENVI 的网站中下载同态滤波工具，并按照说明进行安装（或参加课外阅读网页中的代码编写程序），对图像“L720000612_B17 cloud”进行同态滤波处理。

四、课后思考练习

（1）图像的噪声有哪些？基于邻域的平滑与傅里叶变换能够有效处理的图像噪声类型是什么？

（2）图像滤波方法需要与哪些图像的基本操作结合起来才能有效地进行图像处理？

（3）哪些方法可以突出图像中的线性地物？针对给出的图像 AA 哪种方法最为有效？

（4）怎么有针对性地选择卷积核大小和形状？

（5）提取 AA 图像中的水体（长江），使用哪种平滑锐化方法比较合适？

（6）为了增强“IKNOS nj part”和“IKNOS nj part field”图像中的信息，应该使用哪些平滑和锐化方法？

（7）对图像进行不同的平滑和锐化，窗口分别为 3,5,7,9,11，对比平滑锐化前后图像的直方图和图像的对比度，什么方法在什么窗口下图像的对比度变化最大？撰写总结报告。

五、程 序 设 计

编写程序，实现如下算法。要求可以改变卷积核的大小，可以输入/修改卷积核中的数值。可以对比显示处理前后的图像。

（1）图像平滑：均值滤波、中值滤波、高斯低通滤波、梯度倒数加权滤波、掩膜平滑。

（2）图像锐化：罗伯特梯度、Sobel 梯度、拉普拉斯算子，生成梯度图像和锐化后的图像。

六、拓 展 实 验

下载高分图像或其他空间分辨率大于 5m 的图像（或使用“图像变换\图像融合\GF1 数据”中的图像），然后重采样为 30m。利用软件或自己编写的程序对重采样前后的图像进行不同的图像平滑处理，对比处理的结果。

七、课 外 阅 读

（1）阅读“风吹夏天”的博客，同态滤波，进一步理解同态滤波的作用。网址如下：http://blog.csdn.net/bluecol/article/details/45788803。

（2）麻辣 GIS，IDL 实现同态滤波：http: //malagis.com/idl-homomorphic- filtering.html。

（3）图像同态滤波——原理与实现，科学网。网址如下：http://blog.sciencenet.cn/home.php?mod=space&uid=425437&do=blog&id=1052070。

实验七　图 像 分 割

一、目的和要求

1. 目的

利用光谱特征进行图像分割和分割后处理。

通过本实验，学习：

（1）利用图像直方图进行图像分割，对分割结果进行数学形态学处理、区域标识和矢量化的方法和流程。

（2）利用光谱剖面确定分割阈值的方法。

（3）利用色彩信息建立分割准则的方法。

2. 要求

能够根据图像的特征，综合使用不同的方法分割出地物对象。

熟练掌握图像直方图在图像分割中的应用。

掌握彩色图像分割的基本方法。

掌握利用波段运算进行图像分割的工作流程。

熟悉数学形态学基本方法的应用。

3. 软件和数据

ENVI 软件。

照片，TM 图像数据。

二、实 验 内 容

（1）利用直方图进行彩色图像的分割。

（2）提取彩色图像中指定颜色的对象。

（3）去除彩色图片的背景噪声。

（4）提取 TM 遥感图像中的水体信息。

（5）提取线性地物信息。

（6）图像形态学基本方法。

（7）区域标识和栅格矢量化。

三、图像处理实验

1. 利用直方图进行彩色图像分割

图像：地物与直方图 DSCF0153.jpg。

打开图像[图 7.1（a）]，并显示图像的直方图。

在直方图窗口，设定（R,G,B）拉伸的最小值分别为 150,160,150，并分别应用。查看拉伸后的图像。

使用下面的表达式分割天空[图 7.1（b）]：

（b1 gt 150）*（b2 gt 160）*（b3 gt 150）

使用下面的表达式合成图像，其中，b1,b2,b3 对应图像的 R,G,B 通道，b4 对应原始图像：

b4*（1-（b1 gt 150）*（b2 gt 160）*（b3 gt 150））

显示结果如图 7.1（c）所示。

（a）原始图像

（b）分割结果

（c）去除天空后图像合成结果

图 7.1　使用直方图分割去除图像中的天空

问题 1：

为什么去除天空后，地表的显示得到了增强？

---

2. 彩色图像的分割

1）提取图像中的兰花

关闭所有打开的窗口和文件。

图像：兰花.jpg。

要求：将兰花从图像中分割出来。

主要操作：利用直方图、利用当前像素值工具比较兰花在各个通道上的灰度值的差异，确定兰花与周围物体最大差异的通道或通道的组合。

提示：兰花是蓝色的。

图 7.2 是表达式（b1 gt b2）*（b1 gt b3）运算后的结果，其中，b1 为蓝通道；b2 和 b3 为绿通道和红通道。

（a）原始图像

（b）分割结果

图 7.2　兰花图像的分割

问题 2：

如果将兰花中间的白色也一同提取出来，需要增加什么操作？

如果要提取图像中的非兰花部分（图 7.3），应该怎么操作？

图 7.3　原始图像中非兰花的部分

2）去除背景噪声，提取图像中的娃娃

关闭所有打开的窗口和文件。

图像：娃娃.bmp。

选择“波段”作为直方图数据来源，进行图像拉伸。

问题 3：

1. 直方图有什么特征？

2. 任意对 RGB 波段进行拉伸，显示发生了什么变化？

3. 按照如下设置进行图像拉伸，R:154～184，G:8～100，B:0～160，显示发生了什么变化？

4. 如何去除背景中的噪声？

操作：

使用 float（b1）/float（b2）对通道 R 和 G 进行运算，产生图像 m1；

对于 m1 图像，使用 b1 gt 0.98 进行运算，产生图像 m2；

使用原始图像的 rgb 作为 b1（在变量与波段匹配的对话框中，点击按钮“Map Variable to Input File”。进一步的操作细节参考“图像变换”实验中的内容），使用 m2 作为 b2，进行运算 b1*b2，产生新的图像 m3，按照 r,g,b 顺序合成显示。

（1）比较分析合成后的图像 m3 与原图像有什么差异？

（2）为什么要进行比值运算？0.98 是怎么确定的？

运算（1-b1）*255,其中，b1 为 m2，结果图像为 m4。

运算 b1+b2，其中，b1 为 m3 中的 R 通道；b2 为 m4，结果图像为 m5。

进行 RGB 合成：（m5,m3_G,m3_B）。

结果参考图 7.4。

问题 4：

合成后图像的颜色发生了什么变化？上述操作的目的是什么？

（a）源图像

（b）处理后的图像

图 7.4　使用图像分割的方法去除背景噪声

去除背景噪声，增强图像中的字符信息。

关闭所有打开的窗口和文件。

图像：JH0001.jpg。

打开图像，灰阶显示，查看（R,G,B）三个通道的噪声和直方图。

查看噪声的分布范围，构造表达式提取字符。

图 7.5 是使用表达式去噪提取的结果：255*（1-（（b3 lt 200）and（b2 lt 100）and（b1 lt 100）））。

（a）原始图像

（b）去噪提取的结果

图 7.5　去除图像背景增强字符信息

问题 5：

上述操作中，阈值 200,100 确定的依据是什么？

3. 提取 TM 图像中的水体信息

思路：寻找指定地物与其他地物差异最大的波段或波段组合，构造波段表达式产生新的图像，使用阈值进行分割。

图像：AA。

1）查看图像的直方图

使用（4,3,2）进行 RGB 合成显示（窗口#1），以 Scroll 窗口为数据源，查看三个通道的直方图。

2）查看光谱剖面信息

点击图像窗口菜单“Tools”→“Profiles”→“Z Profile”。

在 Image 窗口移动矩形框，查看光谱剖面曲线的变化。

3）查看指定路线上的光谱值变化

点击图像窗口菜单（图 7.6）“Tools”→“Profiles”→“Artitrary Profile（Transect）…”。

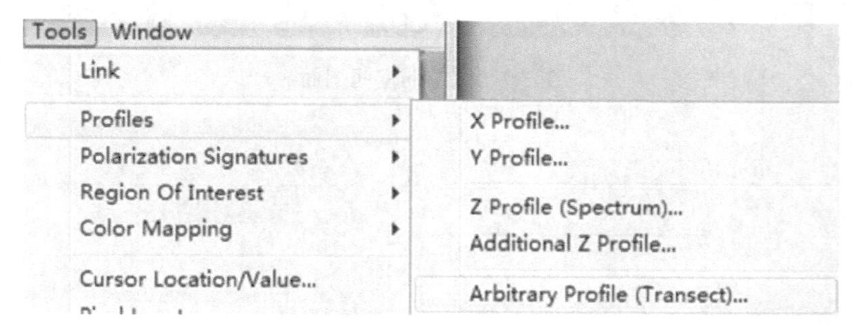

图 7.6　窗口菜单工具——剖面

指定数据源：Image。

在 Image 窗口的图像中，点击鼠标左键，拖曳一条直线过长江，点击鼠标左键，点击右键两次。

在图像窗口中绘制矢量线也使用相同的操作。

系统自动弹出空间剖面窗口（Spatial Profile），如图 7.7 中的 3，显示剖面上的波段值随位置的变化。

设置数据的显示参数。

设置空间剖面绘图窗口参数，使用 RGB 对应的颜色，线型分别为线、虚线、点。Thick 为 2。

空间剖面窗口：“Edit”→“Data Parameters”。

在显示的数据参数窗口中，选择波段（1），设置颜色（2），线型（3），厚度（4）。其中，颜色的设置为：右键点击颜色色块，在弹出菜单中选择颜色名称。

应用设置后，空间剖面的显示如图 7.8（a）所示。

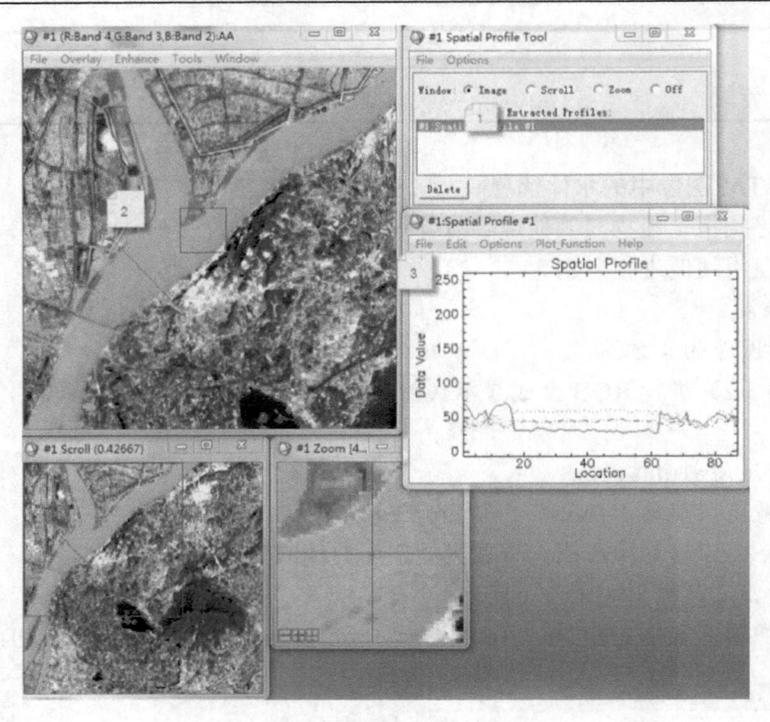

图 7.7　图像的空间剖面

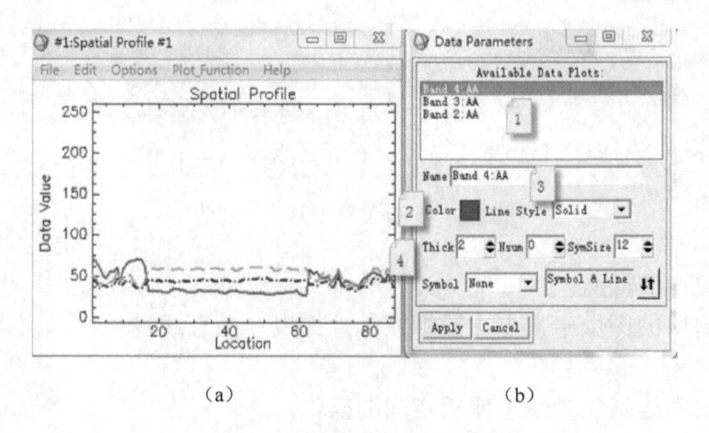

（a）　　　　　　　　（b）

图 7.8　空间剖面数据显示设置

4）查看不同像素位置光谱值的变化

图 7.9 是窗口连接显示图。在空间剖面窗口移动鼠标（1），观察 Image 窗口和 Zoom 窗口中光标位置的变化（2），观察光谱剖面中对应位置的光谱变化（3）。

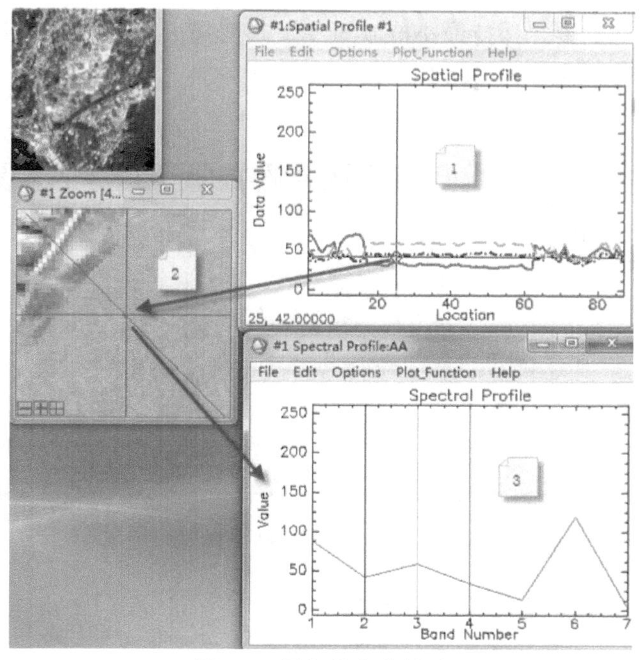

图 7.9 图像的光谱剖面

问题 6：

水体和非水体之间在哪个波段差异最大？

（1）显示图像和直方图。灰阶显示 5 波段图像，显示窗口为#2，查看窗口的直方图（图 7.10）。

（2）确定直方图分级点的像素值。在直方图窗口移动鼠标，查看显示的 DN 值，确定谷底的灰度级（显示在窗口下面的状态条中）。

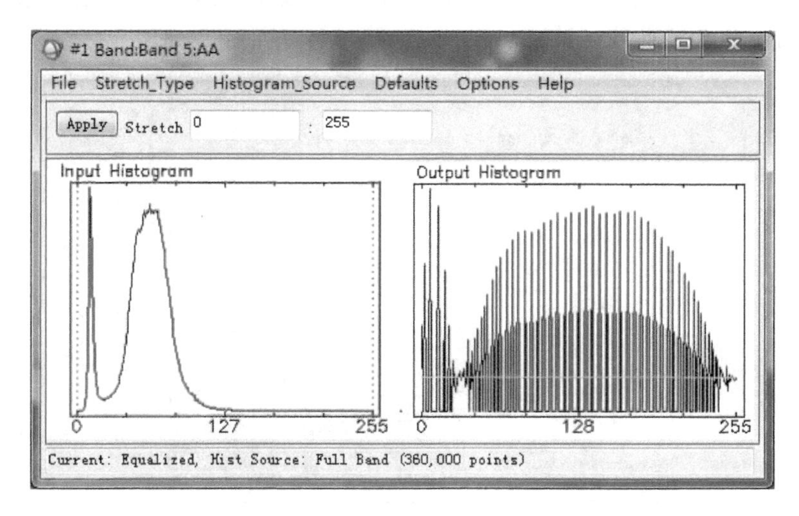

图 7.10 图像直方图

（3）设置拉伸的范围。保持最小值 0 不变，改变最大值为 25。应用拉伸。

注意：直方图的源应该为 Band。

操作后显示如图 7.11 所示。

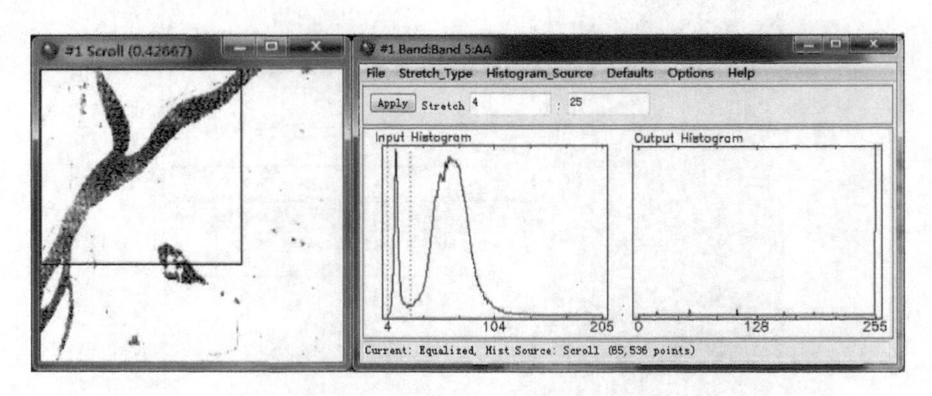

图 7.11　直方图分割后的图像

通过这种操作，初步提取了水体信息。

5）查看（5,3,2）合成图像中水体与非水体光谱的差异

使用（5,3,2）合成显示，窗口为#1。

重复上面的操作，查看长江与周围的光谱差异。

6）比较不同地物的像素差异

在 Spatial Profile Tool 窗口中，点击“Off”，关闭空间剖面提取，然后进行下面的操作：在#1 的 Image 窗口，点击“Tools”→“Spectral Pixel Editor”。

7）提取当前位置的像素值

在 Image 窗口中，移动光标位置到长江中，然后在 Spectral Pixel Editor 窗口中点击“Edit”→“Extract 8 pixel average”。

顺序移动光标到玄武湖、秦淮河、紫金山上的林地，城区中的建筑提取位置周围 8 个像素的均值，共 5 条曲线（图 7.12）。

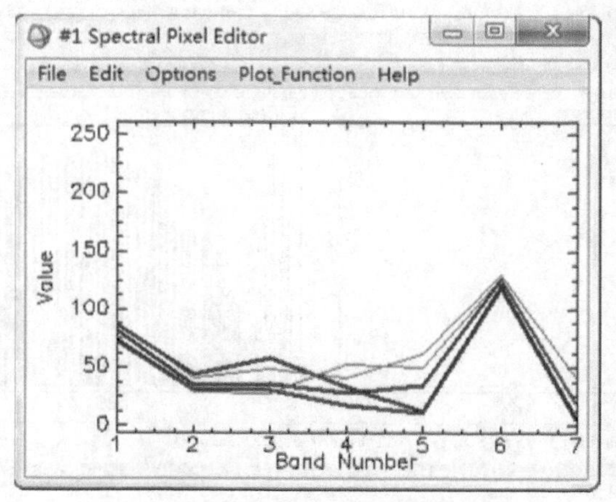

图 7.12　光谱剖面

编辑数据参数，前三条曲线使用蓝色显示，厚度为 2；后两条曲线使用红色显示，厚度为 1。

比较水体与非水体光谱最大差异发生在哪些波段？

8）提取水体

进行图像的波段运算：b2-b5，其中，b2,b5 分别对应图像的波段 2 和波段 5。

在#3 窗口显示运算的结果并查看运算结果的直方图（图 7.13）。

分别设置拉伸的最大的灰度为 40,25,10，应用拉伸，比较不同的拉伸结果。

使用 float（b2）-float（b5）产生新的图像，然后 2%拉伸，使用 band 作为直方图的数据源，对比 b2–b5 的显示效果和直方图。理解数据类型对结果和图像显示的影响。

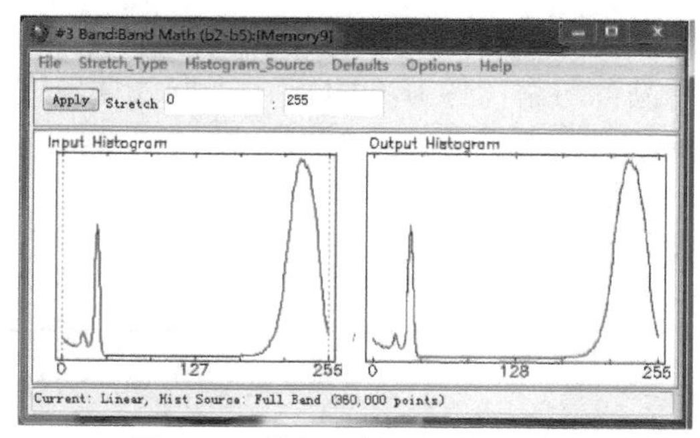

图 7.13　波段运算后图像直方图

9）密度分割

将运算产生的图像按照如下的阈值分为 4 级：

0～10，red

11～25，green

26～40，blue

41～255，black

查看结果图像（图 7.14）。

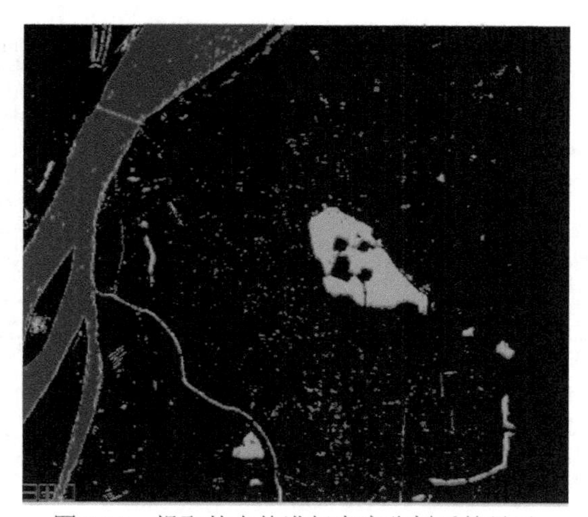

图 7.14　提取的水体进行密度分割后的显示

练习：

使用（b2-b5）/（b2+b5）进行运算，然后，以 0，1，2，3 为阈值进行分割，查看分割结果，并与上面的结果进行比较。直接使用 b2/b5 和 b2 gt b5 产生新的图像，对比上述结果。ENVI 中的表达式 b2/b5 意味着什么计算？

10）增强显示

进行假彩色合成（5,5,b5-b2）并显示，对比其他假彩色合成结果。确定能够突出水体信息抑制非水体信息的图像合成方法。

4. 提取线性地物信息

利用拉普拉斯算子从高分辨率图像 IKONOS 中提取线性地物信息。

图像：IKN Nj Pan.bmp。

这是灰阶图像，使用 R 通道数据即可。

显示图像，查看图像的直方图。

问题 7：

1. 直方图有什么特点？
2. 能否利用直方图直接分割？

使用拉普拉斯进行锐化，进行如下操作（表 7.1），并对比锐化后的结果。其中，低通滤波使用高斯低通滤波方法，拉普拉斯锐化的是高斯低通后的数据。锐化结果=原始数据+拉普拉斯梯度数据。

表 7.1　不同参数锐化后的图像直方图变化比较

流程	低通滤波	拉普拉斯梯度	锐化结果	结果图像的直方图
0	—	—	原始图像	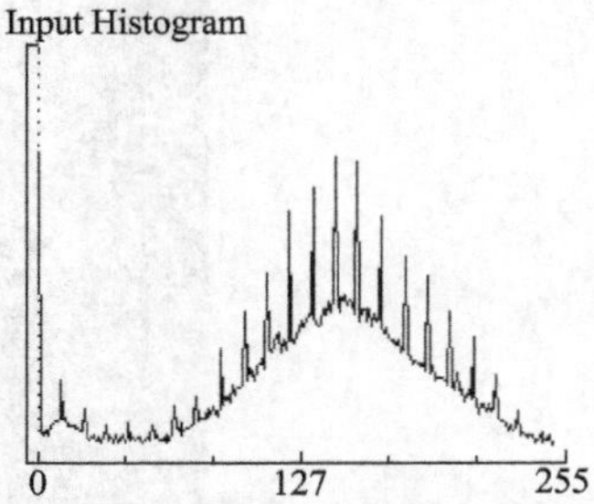 Input Histogram 0 127 255

续表

流程	低通滤波	拉普拉斯梯度	锐化结果	结果图像的直方图
1	3×3	3×3	A	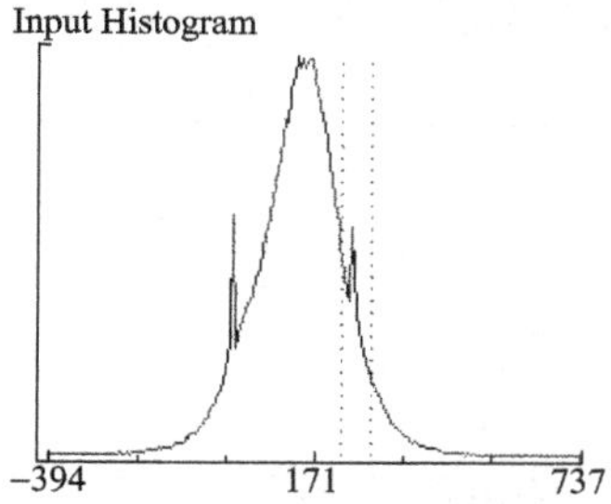 Input Histogram –394 171 737
2	5×5	3×3	B	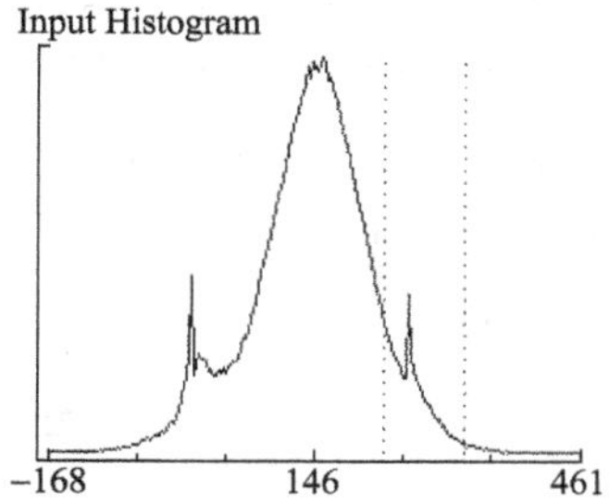 Input Histogram –168 146 461
3	7×7	5×5	C	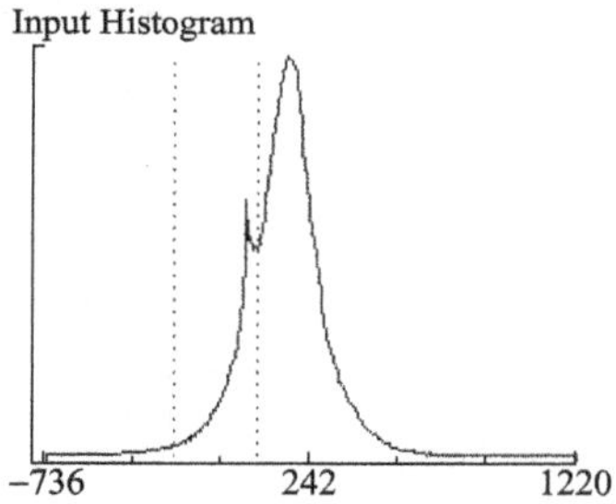 Input Histogram –736 242 1220
4	7×7	3×3	D	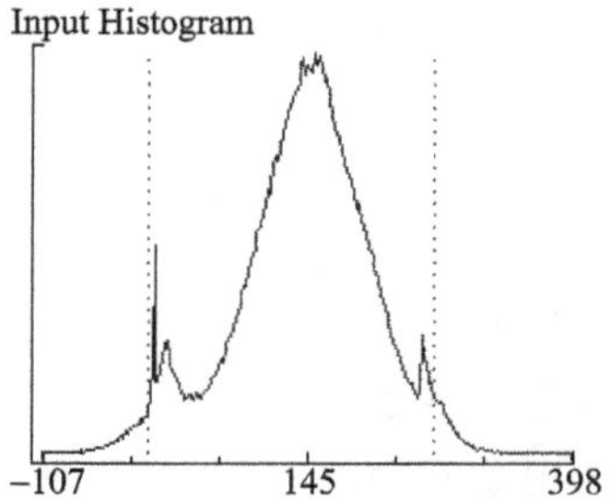 Input Histogram –107 145 398

问题 8：

直方图的变化对我们有什么启示？

利用流程 4 的结果图像，从直方图中选择 250 作为阈值，构造表达式：

b1 ge 250

进行图像分割。保存分割结果为 IKN Nj Pan_seg，在下面的实验中使用。

问题 9：

1. 腐蚀和膨胀会影响图像的对比度吗？
2. 使用 b1 le 35 进行图像分割，得到什么结果？

---

5. 图像数学形态学处理

利用形态学方法对图像进行处理。

1）二值图像的形态学处理

图像：IKN Nj Pan_seg。

点击主菜单"滤波"→"卷积和形态学方法"。在出现的窗口中，窗口子菜单"Morphology"如图 7.15 所示。

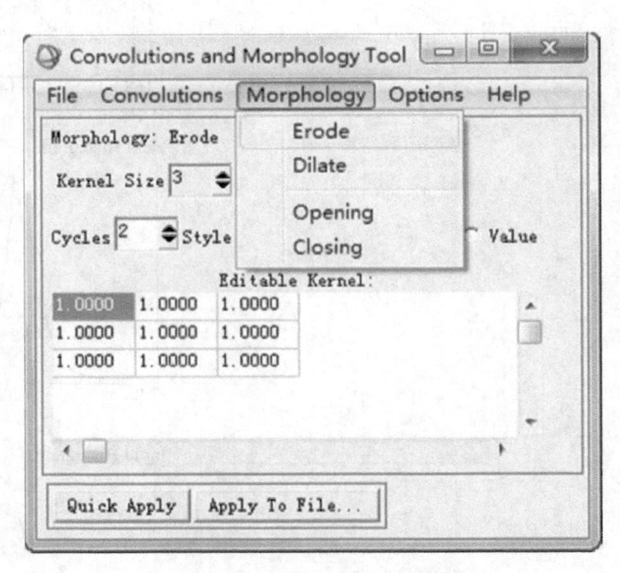

图 7.15　图像形态学菜单

操作：腐蚀→膨胀→开运算→闭运算。

使用 3×3 窗口，进行 1 轮操作，数据为二值数据。然后点击"Quick Apply"进行图像处理。

理解不同操作的效果。

改变轮次为 2，重复上述操作。

问题 10：

为了得到图 7.16 所示的效果，需要进行什么处理？

2）灰度值数据的形态学处理

打开图像 IKN Nj Pan.bmp，在#1 窗口显示。

对该图像使用快速应用方式进行形态学处理：轮次，1；数据，灰阶。

处理结果显示在#2 窗口中。

连接#1 和#2 窗口，对比不同操作的效果。

图 7.16　图像处理后的结果①

3）彩色图像的形态学处理

关闭所有显示窗口。

打开“图像分割”目录下的文件：cat_Original_Image.jpg。

按照（R,G,B）彩色显示图像，窗口为#1（图 7.17）。

图 7.17　待处理的图像

① 2 轮闭合操作。

进行图像形态学处理：腐蚀。

参数设置：轮次，1；数据，值；模板，默认。

设置后的窗口如图 7.18 所示。

点击“应用到文件”（Apply To File...），选择打开的猫图像。输出结果到内存。

彩色显示处理后的图像，窗口为#2（图 7.19）。

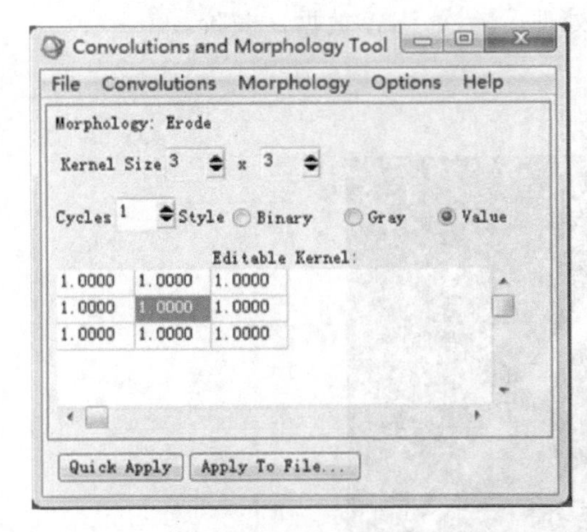

图 7.18　图像腐蚀设置

图 7.19　腐蚀处理后的图像

连接两个窗口，对比腐蚀前后图像差异。请特别注意猫的眼睛。

进行波段运算：b1-b2。b1,b2 分别对应腐蚀前后的彩色图像。显示运算结果，窗口为#3。

连接三个窗口。

问题 11：

1. 原始图像-腐蚀后的图像，可以达到什么处理效果？

2. 增加模板大小为 5×5，然后重复上面的操作，窗口为#4。腐蚀的结果有什么差异？增加模板的大小有什么效果？

对原图像进行膨胀，其余参数同图像腐蚀。显示膨胀后的图像，窗口为#5（图 7.20）。

膨胀后的图像突出了什么显示？

对比#1 和#5 的图像直方图，膨胀后哪个通道的直方图出现了新的特征？利用该特征可以进行什么处理？

计算：250-float（b1）。b1 为膨胀后的彩色图像。

对比原始图像，表明在 R 和 B 通道上可以提取眼睛的亮点。

计算：b1+b2。b1 和 b2 对应于上述处理后图像的 R 和 B 通道。计算结果作为下面表达式中的 b2。

计算：b1*（b2 ge 1），b1 为原始图像。

显示处理后的图像，窗口为#6（图 7.21）。

图 7.20　图像膨胀

图 7.21　处理后的图像

连接窗口#1～#6 的 6 个窗口，分析比较不同处理产生的差异。

问题 12:

如果试图去除眼睛的亮点而保持其他不变，可能的操作流程是什么？涉及哪些操作？

提示：由于使用了闪光灯，猫的眼睛有白点。膨胀后，该白点更为明显，在直方图的右端有明显的峰值。利用 b1 与 250 的差异可以更好地突出猫耳朵的轮廓和眼睛中心。

4）基于密度分割结果的形态学处理

对 AA 图像的 5 波段进行密度分割，使用默认参数，并查看分割结果。

进行波段运算：（b5 lt 28）*（b5 gt 2），结果保存在内存中。

对结果分别进行 3×3 窗口的二值图像的开运算和闭运算，并对比处理结果的差异。

思考：哪种数学形态学处理增加了水体的连通性，为什么？

6. 区域标识

关闭前面打开的所有文件和窗口。

打开图像 AA，使用如下表达式提取水体：

b5/b2 eq 0

得到水体图像 AA_water，在#1 窗口显示。

对提取的水体图像进行数学形态学的腐蚀处理，在#2 窗口显示。结果见图 7.22。

区域标识对类别图像中的每个区（或面）进行标识，给出唯一的 ID 值，利用该 ID 值，可以提取单个的区。

通过下面的操作提取水体中的长江。

（a）分割出来的水体

（b）腐蚀处理后的结果

图 7.22　分割出来的水体进行形态学处理后的结果

腐蚀，3×3 窗口，一轮，二值数据

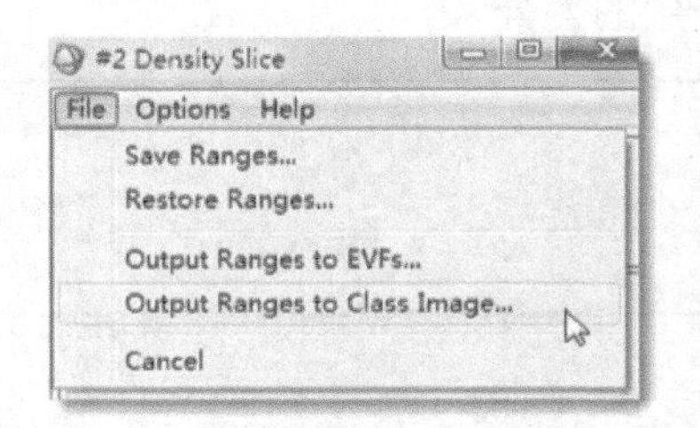

图 7.23　转出密度分割结果为类别图像

对上述数学形态学处理后的图像 AA_water 进行密度分割（图像窗口菜单："Overlay"→"Density Slice..."），然后，在密度分割对话框中，将数值分布输出为类别图像（图 7.23），结果输出到内存中。

对类别图像中的值域 1 进行分割（菜单："Classification"→"Post Classification"→"Segmentation Image"）。使用默认的参数：8 邻域，最小的数目为 100，结果存入内存（图 7.24）。

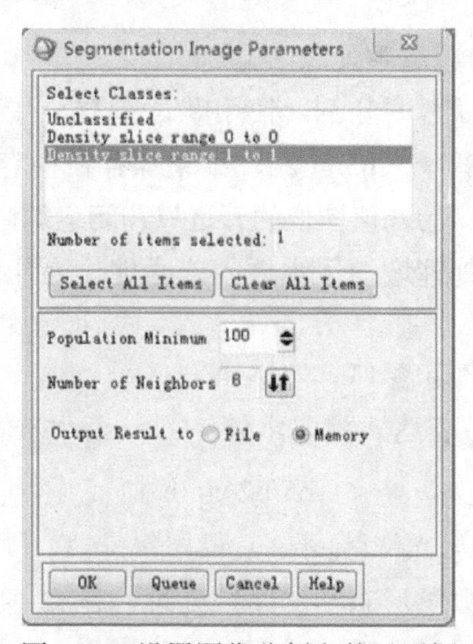

图 7.24　设置图像分割参数对话框

注意：ENVI 中的上述功能实际上是对分割/分类后的区域进行区域标识，使得每个面具有唯一的 ID。

显示分割标识后的图像（窗口#3）。双击#3 中的图像，显示光标位置对话框。将光标移动到长江上，查看其像素值，假设该值为 3。

利用波段运算“b1 eq 3”，从分割后的图像中提取该值对应的区，并在#4 窗口显示。结果如图 7.25 所示。

（a）分割后的图像

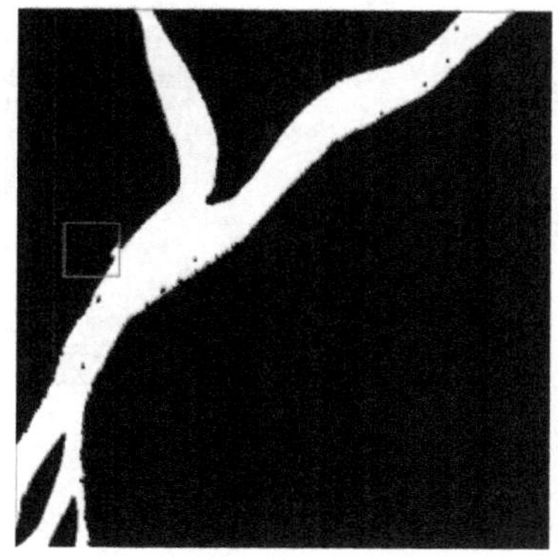

（b）提取的长江水体

图 7.25　分割后的图像和提取的长江水体

7. 栅格矢量化

将图像 AA_water 的分割结果进行矢量化并保存为 Shape 文件。

1）栅格矢量化

操作：点击主菜单“Vector”→“Raster to Vector”。

选择 AA_water 图像形态学处理的结果作为输入，对 DN=1 的结果进行矢量化，结果保存在 AA_water_vec 中（图 7.26）。

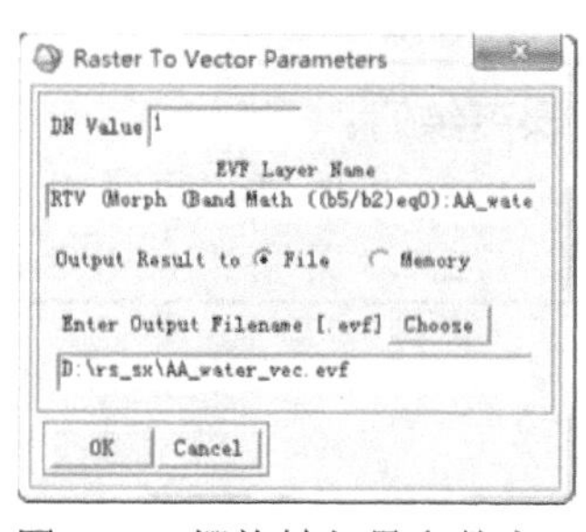

图 7.26　栅格转矢量参数窗口

确定后，系统产生矢量文件，并弹出如图 7.27 所示对话窗。

图 7.27　当前矢量数据列表窗口

2）矢量层另存为 Shape 文件

点击窗口菜单“File”→“Expor Layers to Shapefile…”，结果保存到 AA_water_ vecs.shp 中（图 7.28）。

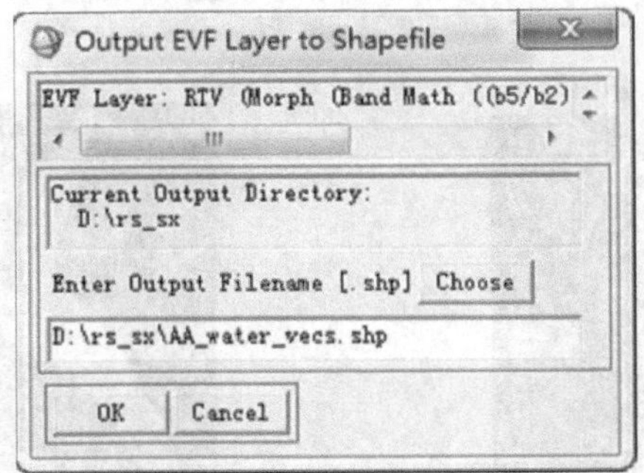

图 7.28　EVF 转换为 Shapefile 的窗口

打开几何纠正后的图像 njTM_pz（实验四中的最终结果），重复 AA 的操作。对于最后的矢量文件，在 ArcGIS 或 MapInfo 中打开查看。对比矢量显示与栅格图像显示，解释产生差异的原因。

课下练习：

1. 对图像“文字测 原始图像.bmp”进行分割，去除背景噪声。
2. 对图像“IKNOSm14 nj Hroad”进行分割，提取道路信息。

四、课后思考练习

（1）对于指定的待分割对象，如何寻找或构造合适的特征进行分割？

（2）怎么根据待分割目标的特征选择合适的分割方法？

（3）如何检查评价分割结果是否有效？

（4）数学形态学方法主要用来解决什么问题？腐蚀和膨胀处理在二值图像和灰度图像上的主要区别有哪些？

（5）如何从分割后的图像中提取指定的面？

（6）图像分割到图像矢量化的工作流程是什么？

（7）对于 TM 图像中水体的提取，哪种算法比较合适？

（8）彩色图像中特定色彩信息提取的基本思路是什么？

五、程 序 设 计

编写程序，将直方图、波段运算和图像显示结合起来，实现图像的分割。对分割结果（二值图像）进行腐蚀、膨胀、开、闭运算。计算 AA 图像的 float（b2）/float（b5），对产生的灰度图像进行数学形态学的开运算。

六、拓 展 实 验

（1）处理 Windows 目录“图片\示例图片\郁金香.jpg”图像（本章实验下文件“Tulips.jpg”），提取黄色、金黄色的郁金香的花朵信息，不包括枝干和天空等背景。写出工作原理、算法、处理流程，给出提取结果图像并进行必要的分析。

（2）使用数学形态学方法，抑制“china NJ.bmp”中的噪声。

七、课 外 阅 读

阅读随书光盘目录“图像分割\文档”中的文档。

实验八　图 像 分 类

一、目的和要求

1. 目的

理解遥感图像非监督分类和监督分类的典型算法的差异，掌握监督分类的工作流程。

2. 要求

能够根据合成的图像勾绘典型地物类。

理解特征选择对分类结果的影响。

能够分析典型地物类之间的光谱差异。

能够进行监督和非监督分类操作。

能够根据遥感信息提取或分类要求建立决策树。

能够进行分类图像的后处理。

3. 软件和数据

ENVI 和 MapInfo 软件。

ETM+图像数据。

二、实 验 内 容

（1）对比遥感图像非监督分类与监督分类的结果。

（2）对比 IsoData 与最大似然分类的差异，并解释产生差异的原因。

（3）最大似然法监督分类结果的后处理。

利用遥感对地观测的优势进行地表覆盖分类是遥感监测的典型应用。本实验设定地表覆盖的分类体系和颜色及对应的 ENVI 中的颜色名称如表 8.1 所示。

表 8.1　分类体系设定

类别编码	类别名称		颜色	颜色名称
1	耕地			Green3
2	有林地			Green
3	建设用地			
	31	城镇		Maroon
	32	道路		Red
4	水域			
	41	江水		Blue
	42	河水		Cyan
	43	湖水		Cyan3
5	裸地			White
6	其他			Black

三、图像处理实验

菜单：主菜单 Classification 中的 Supervised 和 Unsupervised（图 8.1）。

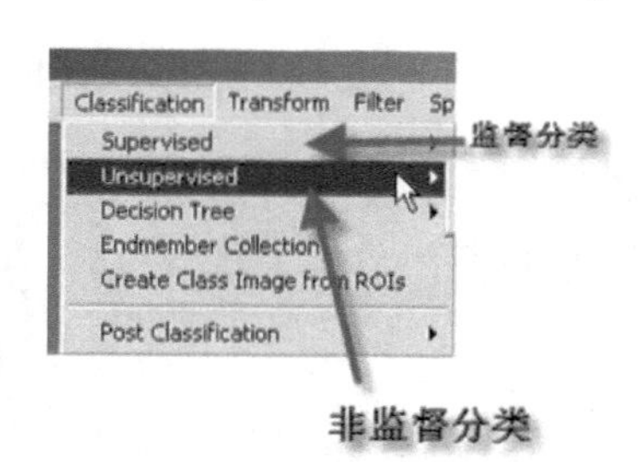

图 8.1　主菜单监督分类

数据：AA 图像或 NjWork 图像。

下面处理使用的是 NjWork 图像。该图像为 Landsat7 的 ETM+，保留了原始数据的投影，没有经过几何精纠正。

1. IsoData 非监督分类

非监督分类包括两种方法，本实验使用 IsoData（自组织分类）方法。

1）显示图像

打开图像，使用（5,4,3）假彩色合成显示在#1 窗口中。

2）确定分类基本参数

按照上述菜单点击“IsoData”（图 8.2），选择图像文件后，弹出的窗口如图 8.3 所示。

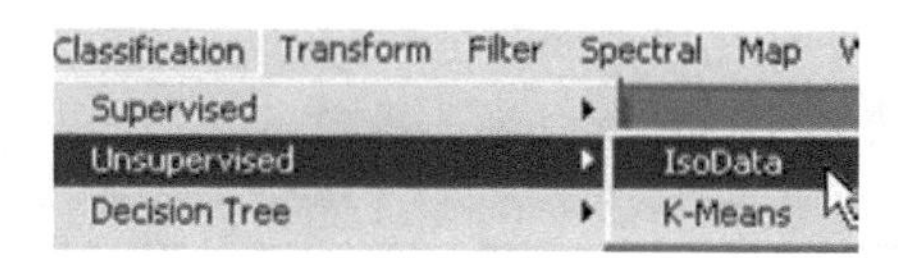

图 8.2　IsoData 非监督分类

ISODATA Parameters

Number of Classes: Min 5 Max 10

Maximum Iterations 1

Change Threshold % (0-100) 5.00

Minimum # Pixel in Class 1

Maximum Class Stdv 1.000

Minimum Class Distance 5.000

Maximum # Merge Pairs 2

Maximum Stdev From Mean

Maximum Distance Error

Output Result to File Memory

Enter Output Filename Choose

njwork iso0

OK　Queue　Cancel　Help

图 8.3　IsoData 分类参数窗口

输出结果保存为 njWork iso0，其他参数不变，确定。

3）显示分类结果

在#2 窗口显示分类结果。连接#1 和#2 窗口。

4）分类结果的密度分割

使用默认的参数，对分类结果进行密度分割，结果见图 8.4。

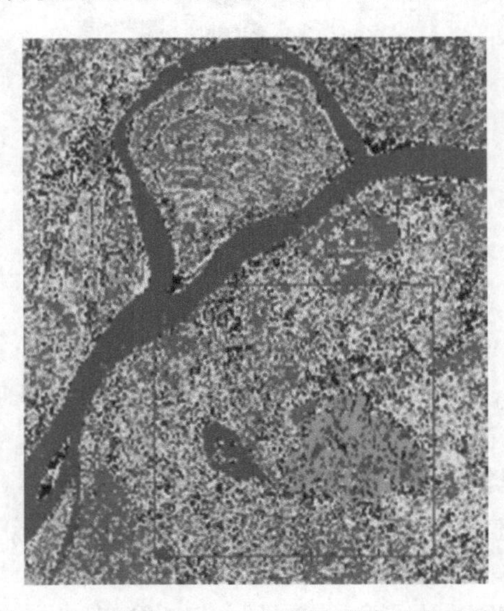

图 8.4　直接使用 IsoData 进行图像分类的结果

问题 1：

1. 数据操作默认使用了哪些图像特征？
2. 图像明显地分为几类？使用什么方法确定类别的个数？
3. 分类结果正确吗？哪些地物的分类不正确？在什么区域？

5）使用新的图像特征进行分类

使用 4, 5, 7 波段重复上面的操作（在选择输入文件时，指定光谱子集为 4,5,7 波段）。输出结果到内存中。分类结果在#3 窗口显示，连接 3 个窗口。

问题 2：

1. 使用新的图像特征进行分类，哪些地物的分类结果得到了改进？
2. 为什么使用新的图像特征能够改进分类结果？

关闭临时文件，仅保留 njWork 和 njWork iso0。

窗口 1 保留，窗口 2 中为 njWork iso0。保持窗口 1,2 的连接。

2. 监督分类

监督分类包括的方法较多，方法数目与 ENVI 版本有关（图 8.5）。

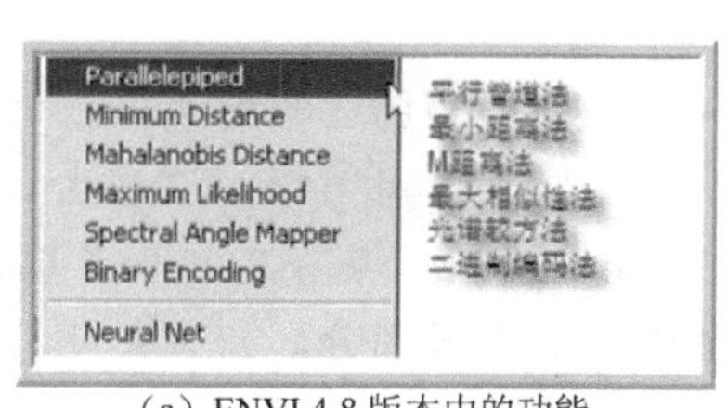

（a）ENVI 4.8 版本中的功能

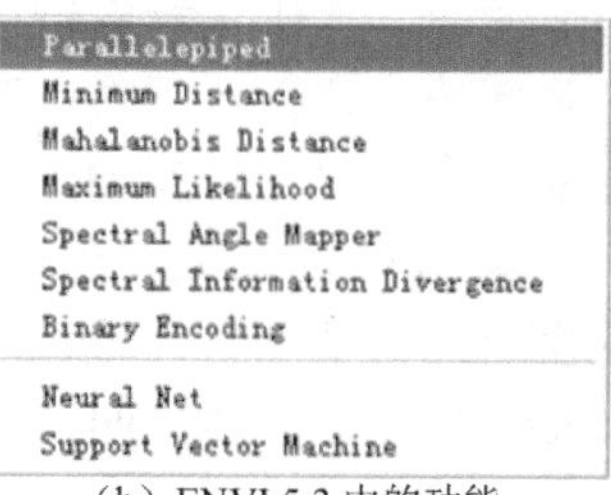

（b）ENVI 5.3 中的功能

图 8.5　监督分类的主要方法

本实验对比平行管道法和最大似然法的分类结果。

数据：njWork。

初始窗口：#1，（5,4,3）假彩色合成。

处理流程：构建地物类别的 ROI；选择监督分类方法，进行分类。

1）构建 ROI

ROI 是兴趣区域，也就是监督分类中的典型地物的分布区域。ROI 必须能够代表该类地物的特征，并覆盖一定的面积。

建议对照 Google Earth（https://www. google. com/maps，卫星图像）中本区域的高分辨率图像来确定 ROI。

在 ENVI 中，一个 ROI 由一个或多个多边形、点、线构成。

以类别“江水”为例，ROI 的构建操作如下。

（1）设置 ROI 基本参数。在#1 窗口，点击“Tools”→“Region of Interest”→“ROI Tool”，显示 ROI 工具窗口（图 8.6）。设置如下：①绘制 ROI 的窗口，Zoom；②ROI 名称，江水；③颜色，蓝色（Blue）；④ROI 类型，多边形（窗口菜单“ROI_Type”→“Polygon, multi part: on”）。

图 8.6　ROI Tool 窗口

图中显示的是完成后的结果。当前的 ROI 为“江水类”，在 Image 窗口绘制 ROI

（2）绘制 ROI。在 Image 窗口，将光标移动到长江中，使得 Zoom 窗口内显示的是长江。

在 Zoom 窗口内，点击鼠标左键，产生多边形的第一个节点。移动鼠标，点击左键，产生多边形的边。点击鼠标右键产生多边形，同时产生多边形的句柄。左键点击句柄移动多边形到新的位置。点击右键两次确认接受该多边形。

在 Image 窗口将光标移动到新的位置，绘制当前 ROI 中的第二个多边形。

（3）删除 ROI 的构成。关闭绘制 ROI 的窗口（在 ROI 对话框中点击 Windows:off）。在 Image 窗口中移动图框位置，使得该构成显示在 Zoom 窗口。点击 ROI Tool 窗口中的按钮“Delete Part”，只能按照从后向前的顺序删除 ROI 的构成部分。

删除 ROI：点击 ROI Tool 窗口中的按钮“Delete ROI”。

（4）建立新的 ROI。点击“New Region”，建立新类别的 ROI。

重复上述三个步骤，建立各个类别的 ROI。

（5）保存 ROI。点击 ROI Tool 窗口菜单“File”→“Save ROI…”。

（6）重用保存的 ROI。点击 ROI Tool 窗口菜单“File”→“Restore ROI…”。

（7）关闭 ROI。

完成操作后，关闭 ROI 绘制是非常重要的，否则窗口中的点击会被认为是 ROI 的一部分。

操作：在 ROI Tool 窗口点击“Off”。

（8）统计 ROI 的光谱特征。选择所有的 ROI，进行统计计算。

在 ROI Tool 窗口点击“Select All”→“Stats”显示统计结果窗口。

在出现的 ROI 统计结果窗口中（图 8.7），选择绘图（Select Plot）为均值（Mean for All ROI）。在图形上，点击右键，弹出菜单，选择“Plot_Function-X axis: index”。显示如图 8.7 所示。

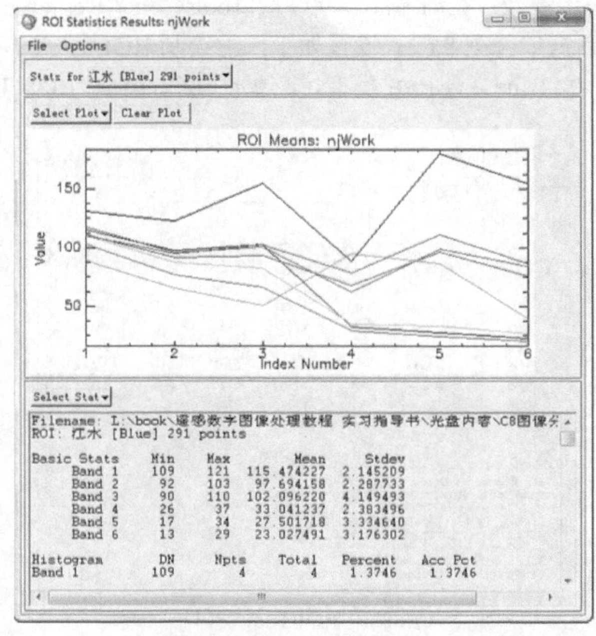

图 8.7　ROI 统计结果窗口

查看所有 ROI 的标准差，对比各个类别各个特征均值和标准差的差异。

问题 3：

1. 均值差异最大、标准差最小的特征有哪些？
2. 标准差大、均值差异小的特征有哪些？
3. 怎么获得各个类别的可分性信息？

2）图像分类

（1）平行管道法。点击主菜单“监督分类”→“平行管道法”，选择图像 njWork，使用所有的特征。

在出现的参数设置对话框中（图 8.8），点击“Select All Items”，使用全部的已经定义的 ROI。设置图像输出为 njWork pp_c，规则输出为 njWork pp_r。点击“OK”。

在#3 窗口显示分类结果。在#4 窗口打开 njWork pp_r 中的江水规则，连接窗口#1～#4。当前屏幕上的窗口状态如图 8.9 所示。

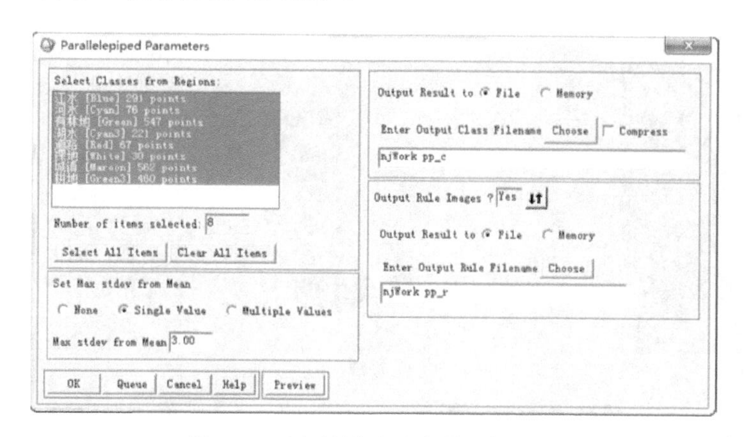

图 8.8　平行管道法分类的参数窗口

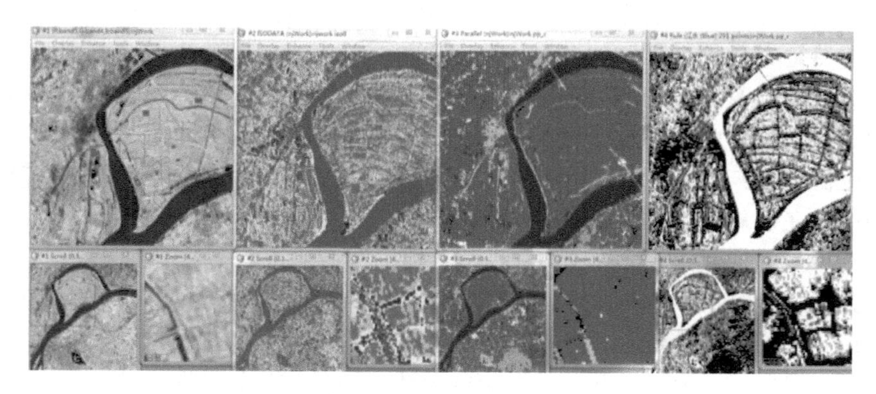

图 8.9　不同窗口的连接

比较 njWork pp_c 与 njWork iso0 的差异（图 8.10）。

可以看到，监督分类结果更合理。

在#4 窗口顺序打开查看各个类别的规则图像（图 8.11），像素值越高，表明属于该类的概率越大。比较原始图像和分类结果，可以看到，河水、湖水的错分很多；裸地、城镇、耕地的混淆较多；道路类别分布过大。

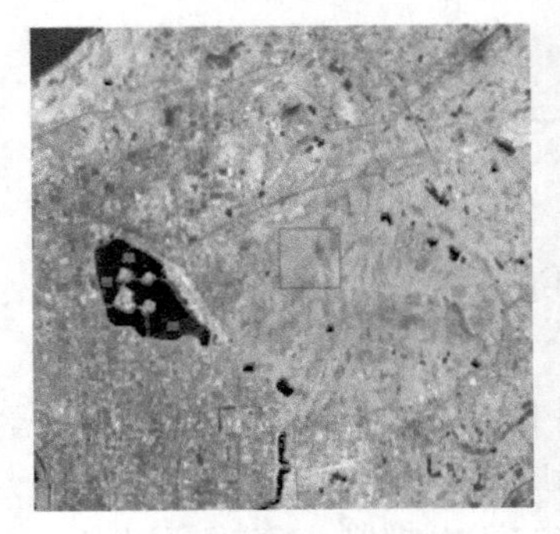

（a）原始图像（5,4,3）合成

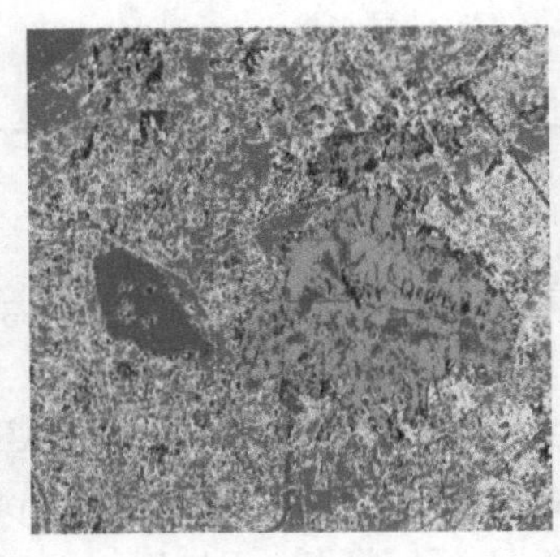

（b）IsoData 分类结果

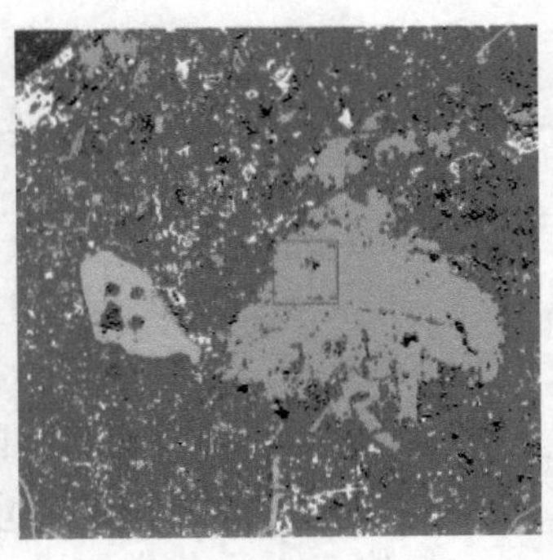

（c）平行管道法分类结果

图 8.10　分类结果的比较（njWork 局部）

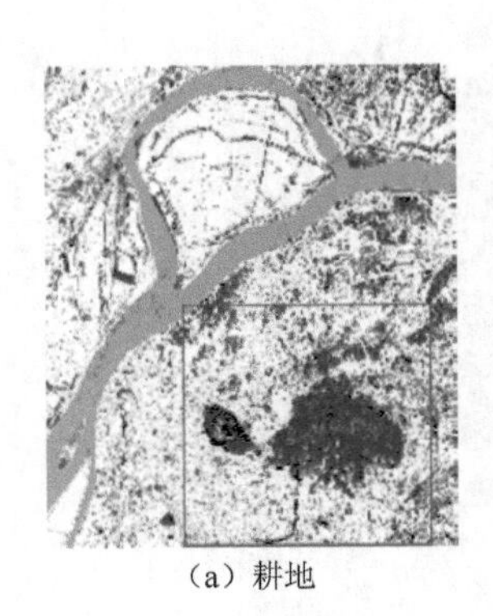

（a）耕地

（b）城镇

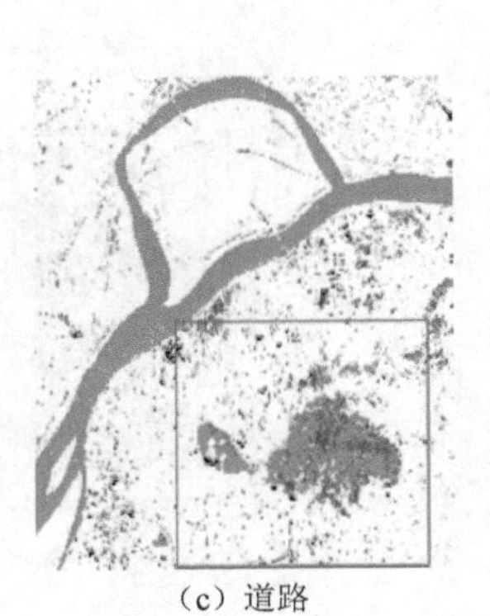

（c）道路

图 8.11　平行管道法部分类别的分类规则图

（2）最大似然法。点击主菜单“监督分类”→“最大似然法”，选择图像 njWork，使用所有的特征。最大似然法的参数设置见图 8.12。

最大似然参数窗口中的概率阈值设置，单值：所有的类使用相同的概率阈值；多值：每个类指定一个概率阈值，像素最大概率值大于该阈值时归于该类。

数据比例因子：与数据的分布有关。**对于浮点数据，建议数据使用前进行标准化。**

结果保存在 njWork max_c 和 njWork max_r 中。

在#2 窗口中显示分类结果，#4 窗口显示规则图像。

对比分析可以看到，水域之间的错分已经明显减少，其他类型与原始图像的解译结果一致性也比较好，错分比较少。

建议同时对照 Google Earth 上的高空间分辨率图像进行检核。

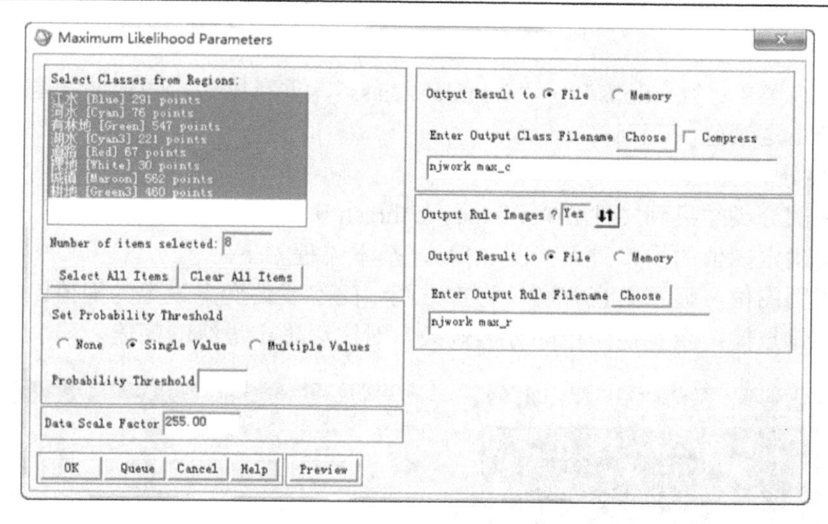

图 8.12　最大似然法参数窗口

相同的数据，仅仅算法的差异就能使分类结果得到明显的改善！

（3）利用规则图像调整分类结果。点击主菜单“Classification”→“Post Classification”→“Rule Classifier”。

确定类的阈值：在#4 顺序打开各类规则图像，对 Scroll 窗口进行线性拉伸。利用光标位置值和直方图（直方图源为 Band 或 Scroll，根据图像设定直方图的最大和最小值参数，确认能够突出直方图中的频率变化）确定类的规则阈值。确定后的阈值（Thresh）结果如图 8.13 所示。

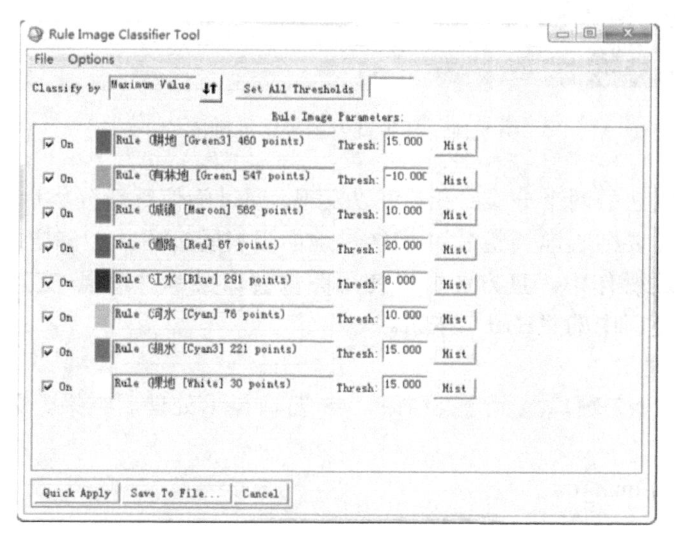

图 8.13　规则图像分类工具窗口

通过分析分类规则数据的变化，可以进一步了解各类错分状况（江水、有林地错分最少）。

a. 重新排序类。

点击窗口菜单："Options" → "Reorder Class"，重新排序，与前面指定的分类次序一致。重新指定颜色。

b. 保存分类规则。

保存新的分类结果到文件 njWork max_c thresh 中。

下面是确定阈值的窗口界面（图 8.14），基本流程如下。

打开规则图像，显示其直方图。将直方图中的谷或突变点设定为阈值。然后，应用阈值进行图像拉伸，查看该阈值的分类效果，对比后确定最终的阈值。

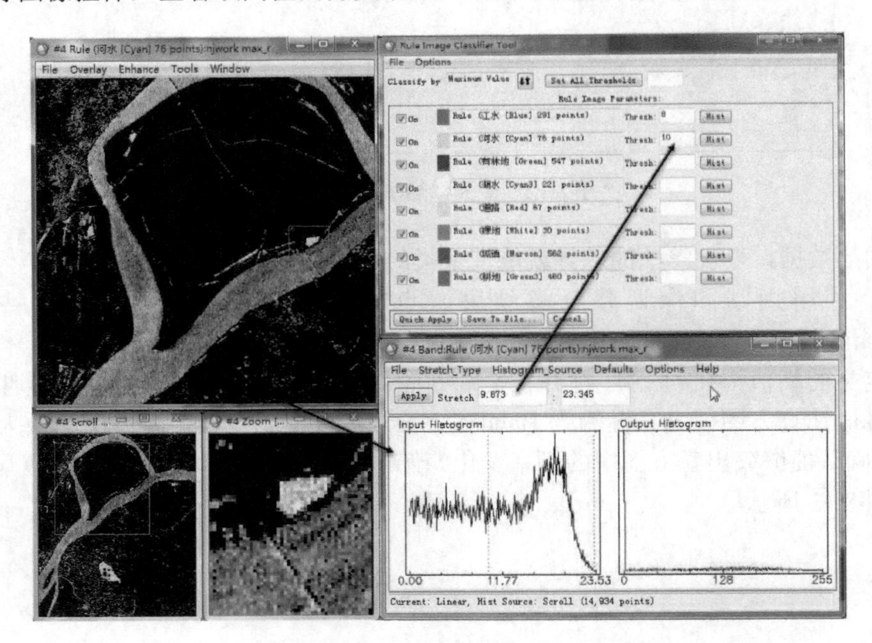

图 8.14　利用直方图确定规则阈值

对比最大似然法的两个分类结果，可以发现，通过阈值重新分类后其他用地增加了。

真实的类别需要细心地调整 ROI 和经过地面资料验证后才能确定。

注意：在上述操作中，直方图窗口使用图像窗口菜单"增强-交互拉伸"来打开，不建议使用右上窗口中的"Hist"按钮。

3. 分类后处理

保留#1 窗口，#2 窗口显示分类结果，#3 窗口显示处理后结果。关闭其他窗口，连接 1～3 窗口。

数据：njWork max_c。

分类后处理的功能较多（图 8.15）。

主要功能：

（1）给类别赋颜色：如果原来 ROI 的颜色与类别内容不符合，可以在这里进行修改。

（2）多数/少数分析：按照窗口内多数/少数的像素类改变孤立像素的类别。

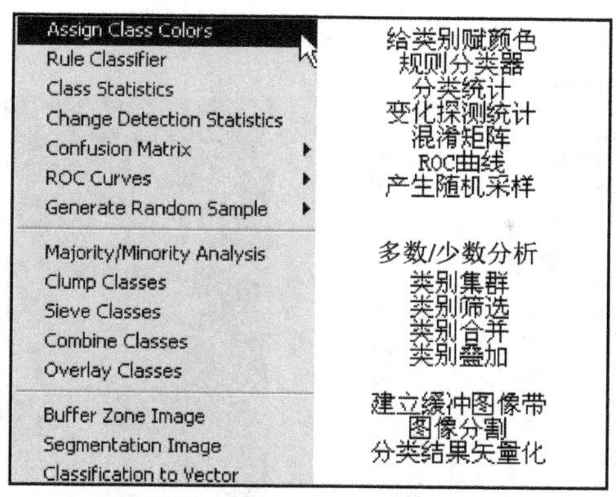

图 8.15 图像分类结果的后处理

（3）类别集群（类别聚块）：按照临近的相似性将临近的类进行合并，产生更完整的图斑。

（4）类别筛选：将孤立像素剔除出去，作为未分类像素。

（5）分类结果矢量化：将分类的图像转为 EVF 格式文件，然后通过矢量化菜单转换为 DXF 格式的文件。

（6）将图像保存为 GeoTiff 格式。

1）类别聚块

使用数学形态学方法将相邻相似的区域进行合并，产生更大更完整的图斑，以保证空间的连续性。

结果输出到内存中。

顺序对江水使用 5×5 的窗口、河水和湖水使用 3×3 的窗口进行操作（图 8.16）。注意：每次仅处理一个类，不要一次处理多个类。保存最后结果为 njWork max_c watercp，即对 njWork max_c 中的一个类进行处理，产生结果 m1，然后，对 m1 中的另外一个类进行处理，以此类推。

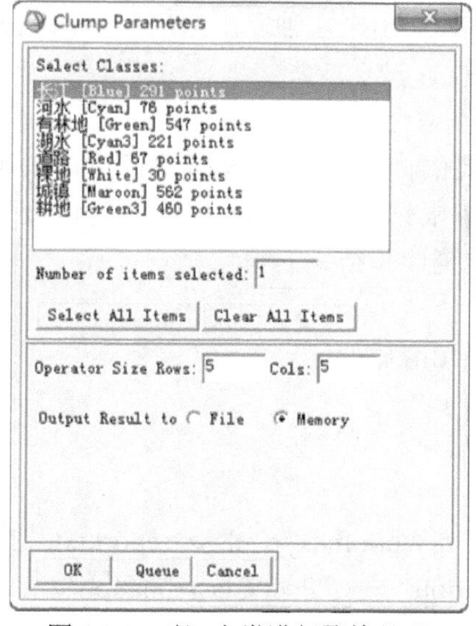

图 8.16 对江水类进行聚块处理

处理结果实例见图 8.17。

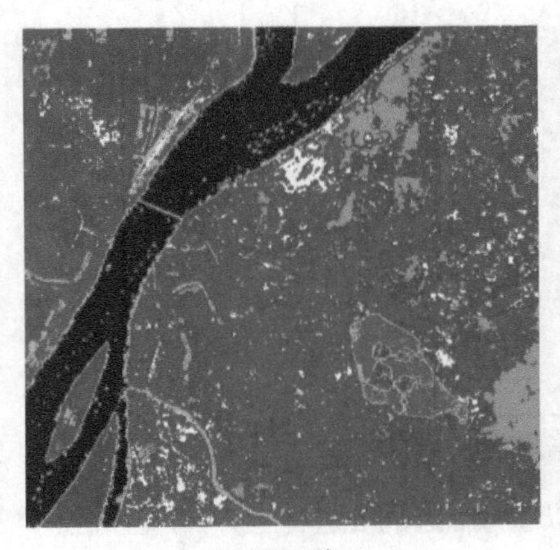

(a) 处理前

(b) 处理后

图 8.17　江水、湖水、河水依次聚块

问题 4：

一次性地处理江水、河水、湖水，使用 3×3 窗口，结果与上面有什么区别？

2）多数/少数分析

窗口中孤立的像素值会被指定为出现频数多的值。

必须指定至少 2 个类，否则分析结果无效。

尝试对道路和有林地进行多数分析，使用默认参数。比较处理前后结果的差异。

3）类别筛选

将孤立的像素从分类中独立出来，独立出来后使用黑色表示。

对耕地类进行本项处理。

4. 分类精度评估

分类精度分析是很重要的内容，需要根据调查数据来确定。由于缺乏调查数据，不进行这些内容的实习。请根据地区的图像和地图的调查信息进行补充。

确定分类后，进行分类统计和结果的矢量化。

1）分类统计

统计分类结果的面积和光谱特征。

分类文件：njWork max_c。

统计输入文件：njWork。

统计类别：所有的类别。

结果：保存到文本文件 njWork max_c_class_report.txt。

操作：点击“Classification”→“Post Classification”→“Class Statistics”。

2）分类结果矢量化

将 njWork max_c watercp 保存为 GeoTiff 格式。

将分类结果 njWork max_c watercp 进行矢量化，产生矢量文件，然后将矢量文件转换为 Shape 格式。

点击主菜单"Classification"→"Post Classification"→"Classification to Vector"。

按照图 8.18 选择处理。

3）将矢量化结果转换为 Shape 文件

矢量化完成后，弹出如图 8.19 所示窗口。

选择要转换的层，通过菜单"File"下的"Export Layers to Shapefile"进行转换。保存结果的文件为 njWork max_c watercp.shp。

在 MapInfo 或 ArcGIS 中打开分类的结果，并叠加 GeoTiff 图像文件进行显示。

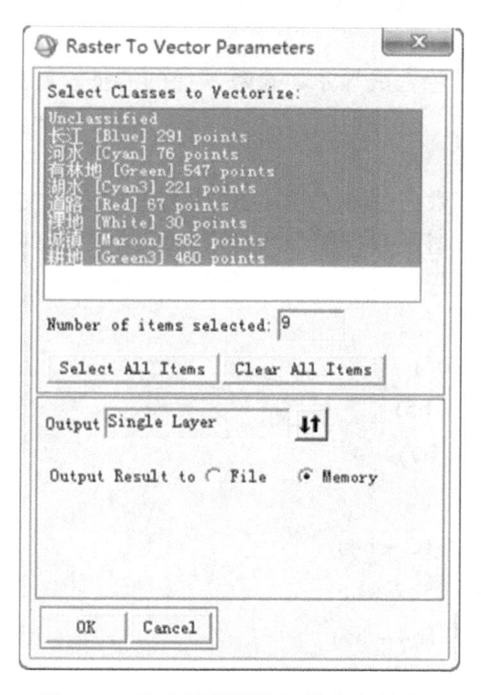

图 8.18　分类结果栅格矢量化参数窗口

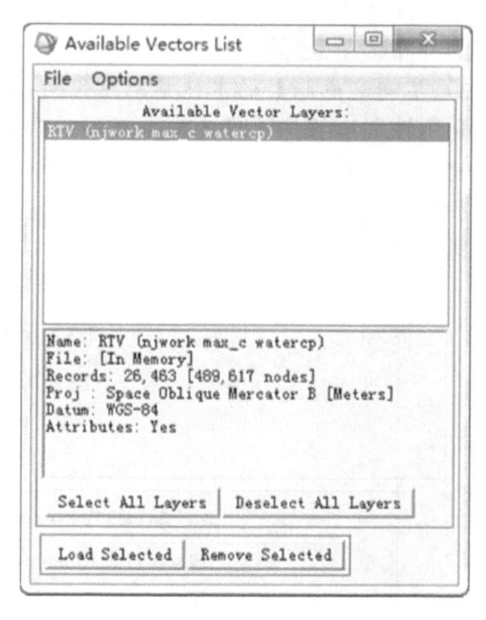

图 8.19　当前可用的矢量图层列表

问题 5：

分类后的属性字段是什么？图像分类图与真正的矢量图有什么区别？

练习：

使用神经网络、支撑向量机和决策树方法进行图像分类。

5. 决策树分类

如果单一的规则或者监督分类均无法获得合适精度的结果，则需要使用决策树方法。

点击菜单“Classification”→“Decision Tree”(图 8.20)。

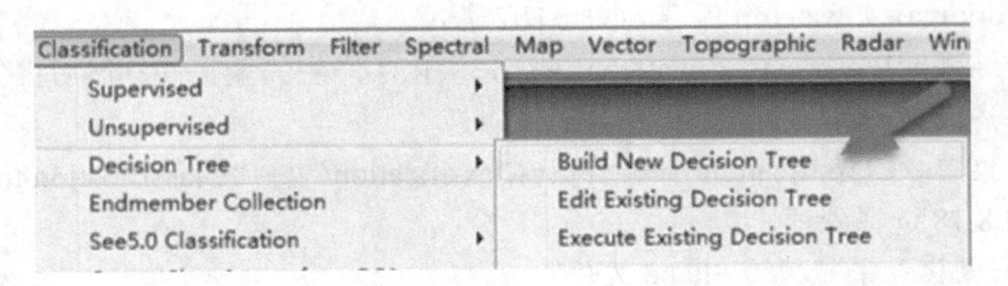

图 8.20　决策树菜单

本实验的更多内容请参阅随书光盘中的文件：C8 图像分类\决策树\2012 遥感信息_南师大程晨.pdf

数据：随书光盘目录“C8 图像分类\决策树”中的 2000-1-27 的 ETM+图像。

1）图像显示

打开图像“2000-1-27”，以（5,4,3）进行彩色合成显示，查看图像的特征，特别是水体的分布。

2）不同遥感指数的水体提取结果对比

利用波段运算把图像的数据类型转换为浮点数：float（b1），b1 为打开的图像文件。后面的计算均基于转换后的数据进行，这样可以避开数据类型对波段运算结果的影响。

利用波段运算进行如下计算，并对比计算结果。其中，波段的编号对应于打开图像的波段编号。

$$(b2 + b3) - (b4 + b5) > 0$$

$$(b2 + b3) / (b4 + b5)$$

$$(b1 - b7) / (b1 + b7)$$

$$b2 / b5$$

$$NDWI = (b2 - b4) / (b2 + b4)$$

$$MNDWI = (b2 - b5) / (b2 + b5)$$

$$NDWI3 = (b4 - b5) / (b4 + b5)$$

$$EWI = (b2 - b4 - b5) / (b2 + b4 + b5)$$

本图像中水体提取的难点在于水体容易与河滩沙地、冰雪、阴影等混淆，单一指数方法提取的结果误差较大。

3）面向水体的图像特征提取

使用缨帽变换和自定义的指数提取水体，其中，缨帽变换使用 ETM+的变换公式，自定义的指数 DW 的表达式如下：

$$DW=\frac{(b2+b3)/(b4+b5)}{EWI}$$

4）基于决策树的提取水体

点击构建新的决策树（Build New Decision Tree）,打开决策树的窗口（图 8.21），显示初始的二叉树。当前的节点默认为：节点 1，如果符合规则，则结果为类别 1，否则为类别 0。

点击节点，例如，图 8.21 中的 Node 1，编辑决策节点的性质（图 8.22）。输入名称和表达式，其中，表达式遵循 ENVI 的波段运算规则，使用英文或字符。

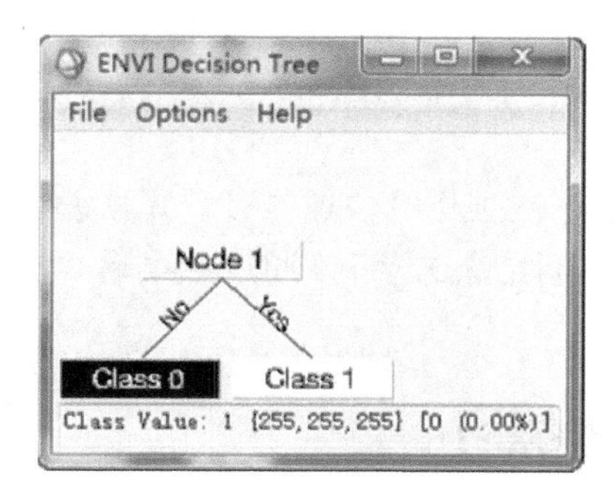

图 8.21　建立决策树

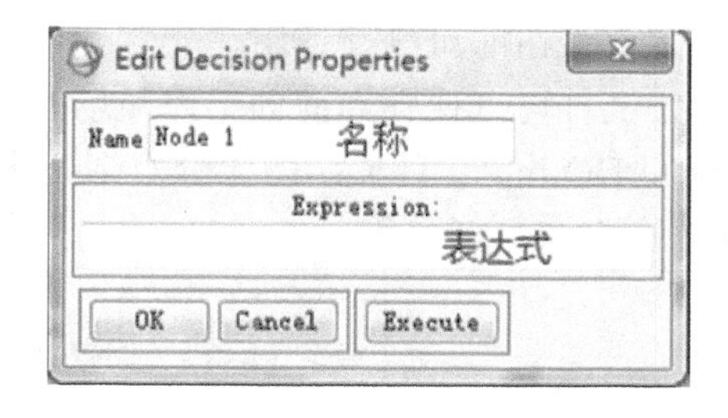

图 8.22　编辑决策节点性质

输入名称：Brightness；表达式：b1 lt 144。点击“OK”后，显示变量或文件匹配表。点击 b1，从列表中选择 K-T 变换产生的亮度分量，确定。点击运行（Execute），结果保存在内存中，自动显示处理结果。

右键点击“Class 1”，弹出菜单，选择“Add Child”（加入子分支）。重复上述过程，输入名称、表达式，指定对应的波段或文件，运行，查看结果。

依次增加分支绿度、湿度和 DW，请设置左侧“NO”分支的类名为：Class 0，类值为 0，颜色为黑色。设置最后确认的分支“Yes”的类名为“Water”，类值为 1，颜色为白色。完成后的结果如图 8.23 所示。

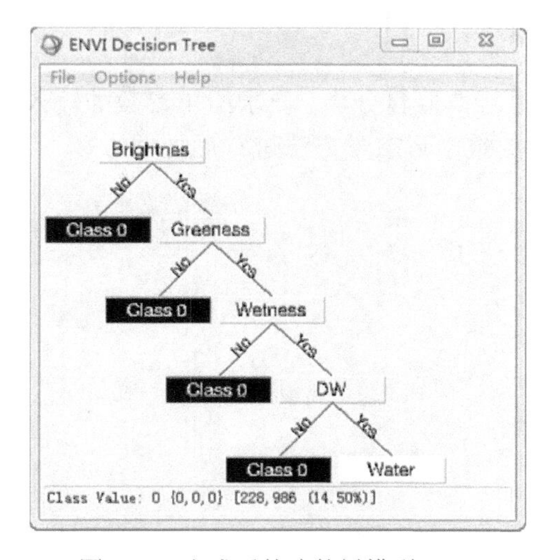

图 8.23　完成后的决策树模型

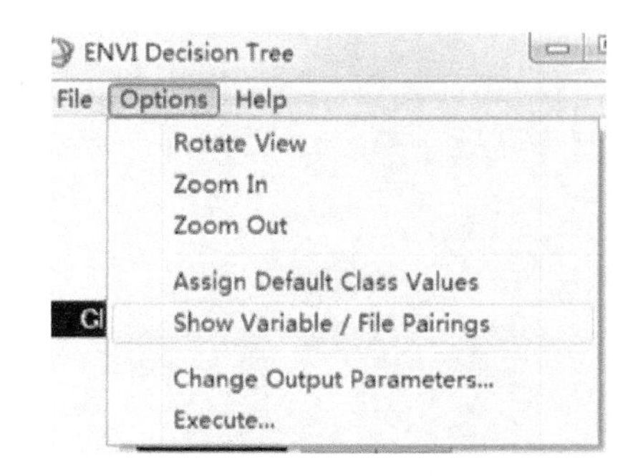

图 8.24　决策树模型的选项菜单

通过决策树窗口的“Options”（图 8.24），可以打开变量/文件匹配表，自动给各个类进行赋值（注意：该功能将覆盖原有的设置！）。

随书光盘目录“C8 图像分类\决策树\中间结果”中，给出了需要使用的图像文件，包括缨帽变换、DW、EWI 指数和建立的决策树等。

打开各个文件，新建决策树，在出现的窗口中，选择菜单“文件”→“恢复树...”，指定上述目录下的“LSwater_tree.txt”，确定。然后，通过“选项”→“运行”，可以快速获得计算结果。

此外，该目录提供了使用的波段代数的表达式：LSwaterBM.exp。在波段运算窗口，通过“恢复”按钮即可打开使用。

利用宏文件可以保存当前的工作现场，并在下次工作时快速打开。本实验的宏文件为“LSwaterDO.ini”（目录：图像分类\决策树\中间结果），可以通过主菜单“文件”→“运行开始宏”来打开使用。

四、课后思考练习

（1）图像特征对分类结果有什么影响？如何选择合适的特征提高分类精度？
（2）不同分类方法中，错分最多的地类是什么？
（3）如何将未分类像素归并到其他类中？
（4）图像特征、分类方法、分类方法中参数设置三者哪个对分类结果的影响最大？
（5）图像后处理有哪些方法？用来解决什么问题？
（6）不同监督分类结果的差异是什么？如何理解这些差异？
（7）如何评价分类结果的真实性？有哪些方法？
（8）评价分类精度的方法有哪些？怎么进行评价？
（9）如何建立决策树需要的规则？

五、程 序 设 计

编写程序，使用 k 均值方法对图像 AA 进行非监督分类。要求给出参数的输入界面，能够显示图像结果，并能够使用图像分割中的数学形态学方法进行后处理。

实验九　变 化 检 测

一、目的和要求

1. 目的

理解遥感图像变化检测中的关键问题，掌握变化检测的工作流程和主要的图像处理方法。

2. 要求

利用图像分类结果进行变化检测。

进行变化检测结果统计和精度评估。

理解不同变化检测方法的优缺点。

能够综合利用图像处理方法对高空间分辨率图像进行变化检测操作。

能够根据变化检测误差进行方法的修正或改进。

进行变化检测制图。

3. 软件和数据

ENVI 软件，在两种环境下进行实验。传统的界面下同时启动 IDL，对于 ENVI5.3，菜单项是：ENVI Classic 5.3 + IDL 8.5（64-bit）或 ENVI Classic 5.3 + IDL 8.5（32-bit）。

数据包括两部分：中分辨率的 OLI 传感器图像和高分辨率的 RapidEye 图像（彩色合成显示如图 9.1 所示）。实验开始前，相关的实验数据拷贝到新的目录文件中，目录名不要包括中文字符、空格等特殊符号。

1）Landsat OLI 图像数据

二级产品，局部，日期分别为 20130811 和 20150902，分类后的图像文件名为 20130811L8_cla，20150902L8_cla，用于分类后的变化检测。

数据目录: C9 变化检测\数据\LC8。产生分类的原图像数据目录：C9 变化检测\数据\LC8\原图像。

为便于处理，仅进行了三类地表覆盖的划分（表 9.1），其中，“植被”包括了地表的绿色植物，如林、草、作物等，不再细分。“建设用地”包括了建筑、道路和裸地等。

表 9.1　OLI 图像的类别名称

类别编码	类别名称	图例
1	植被	
2	水体	
3	建设用地	

注意：原始的 OLI 多光谱图像包括 7 个波段，其中 1 波段用于海岸带监测。当前的文件中，把 OLI 中的 2～7 波段按照 TM 的波段顺序进行了重新排列，为 1，2，3，4，5，

7 波段，并保存为 BSQ 格式，保留了原始数据中的投影和坐标信息。图像的空间分辨率 30m。

如果有必要，请根据元文件“20150902 LC81200382015245LGN00_MTL.txt”中的信息重新下载原始数据（原始数据压缩后为 926MB）。

2）RapidEye 多光谱图像数据

局部，分别为 2014 年冬季和 2016 年冬季图像，日期相差在 1 个月内，空间分辨率为 5m，有 5 个波段，其中 5 波段是特有的红边波段。有效地利用第 5 波段，可以探测其他图像无法获得的信息。

为便于练习，删除了数据文件中的投影和坐标信息，模糊了图像的具体日期。

本图像用于提取变化检测信息。

两个不同的数据集的假彩色合成结果见图 9.1。

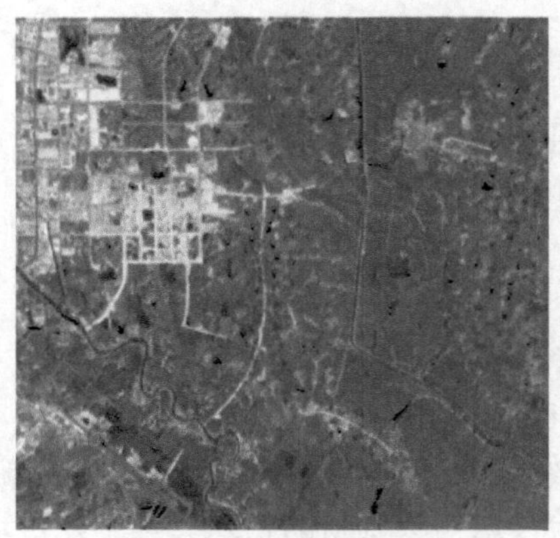

（a）20130811 OLI 图像，（4,3,2）合成

（b）20150902 OLI 图像，（4,3,2）合成

（c）2014 年冬季 RapidEye 图像（4,3,2）合成

（d）2016 年冬季 RapidEye 图像（4,3,2）合成

图 9.1　图像（4,3,2）彩色合成（2%拉伸）

二、实验内容

（1）分类后变化检测，变化结果评估和结果统计。

（2）变化检测结果的后处理。

（3）高空间分辨率图像的变化检测。

三、图像处理实验

1. ENVI 中的变化检测

ENVI 中提供了 4 个变化检测（表 9.2），其中 3 个在传统的界面下，1 个在集成的界面下。基本的思路是：计算图像特征的差异或图像遥感指数（如 NDVI）的差异（差值、比值或光谱角），通过选择阈值（人工或自动）获得变化图像，进行后处理消除碎斑。

表 9.2　ENVI 中的变化检测方法

方法	传统界面	集成界面
1	主菜单“Basic Tools”→“Change Detection”用于分类图像的变化检测，包括两个模块：①计算差异图像；②变化检测统计，如果将此用于单个图像特征，则需要慎重选择该特征	同左
2	主菜单“Spectral”→“SPEAR Tools”→“Change Detection”提供了一个变化检测工作流，显示可能的变化区域可以进行差值计算，或进行光谱角计算输出多个差异图像，但并不产生变化检测结果图像。这些图像帮助判断，进行变化检测	
3	主菜单“Spectral”→“THOR Workflows”→“Change Detection” 增加了人工选择匹配点进行图像匹配（如果图像已经匹配，也得再做一遍！） 加入了 QUAC 大气校正的流程 使用光谱角作为差异度量 人工确定变化阈值 增加了聚块和碎斑 sieve 后处理 输出变化检测的结果图像	
4		图像变化工作流（Image Change Workflow） 使用图像特征或图像指数提供了自动阈值化方法 提供了后处理：平滑和聚块（小于指定像素数量的图斑被忽略作为背景）
5		专题变化检测，处理分类后的变化检测，输入为两期图像的分类结果

变化检测的工作流程如下。

（1）图像匹配。严格的图像匹配（最大误差小于 1 个像素）属于基本要求，否则对检测结果有较大的影响。图像的空间分辨率越高，高精度的匹配越难，对检测结果的影响越大。

（2）必要的辐射归一化。图像的日期不同，大气状况不同，需要将图像的辐射值归一化到可以比较。可以进行不同方式的辐射校正。

（3）差异化度量。如何度量变化仍然是个难题，包括图像的特征选择、特征差异化方法、阈值选择等。对于图像特征，可以使用图像遥感指数，如 NDVI 等，也可以构建综合的差异指数。单一特征的信息量有限。一些已知的图像特征往往与特定的图像密切相关，并非总是有好的性能。特征差异化方法，可以是差值、比值或光谱角，或其他的综合定义的距离。阈值选择往往依赖于特定的优化准则和人工选择：差异多大是变化？这与具体的图像有关。不同方法选择的阈值可能差异较大。

（4）后处理。消除孤立的变化图斑和误差导致的图斑。

（5）变化结果统计和误差评估。

2. 基于 NDVI 差异的变化检测

地表覆盖的变化结果往往会导致植被变化，基于这一特征通过植被指数的差异进行变化检测。

下面练习两种利用植被指数差异提取地表覆盖变化的流程。

计算两期图像的 NDVI。

1）*波段运算和密度分割方法*

计算两期图像 NDVI 的差异，然后利用密度分割查看对比差异，确定阈值。

（1）工作流程：①计算 NDVI 的差值；②（5,4,3）合成显示两期图像和 NDVI 的差值图像，进行窗口连接；③对 NDVI 的差值图像进行密度分割，分级数为 5。

（2）确定分割阈值。根据差异，选择的密度分割的分级设置如下：0.15～1，黄色，增加；–0.20～0.15，黑色，不变；–0.2～–1,绿色，减少。

删除其他分级，完成后的窗口如图 9.2 所示。应用新的设置。

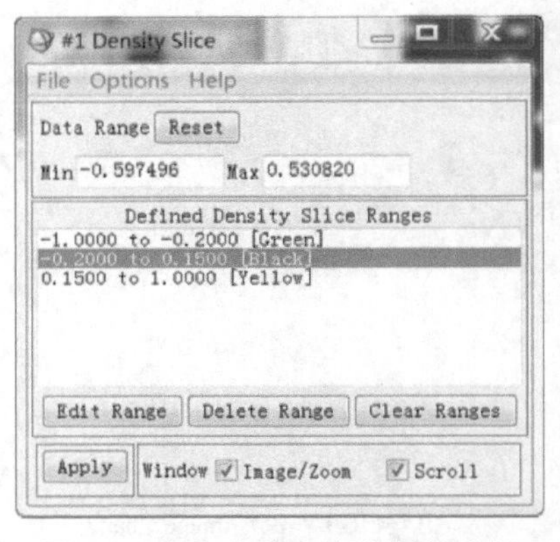

图 9.2　自定义的密度分割的分级

输出密度分割结果为类别图像（在图 9.2 对话中，点击菜单“文件”→“输出分级到类别土地”），文件命名为 mc_bmd1。

根据变化强度，调整选择其他的阈值，应用。对比不同的结果，直到认为满足了要求。输出类别图像的文件名为 mc_bmd2。

2）*ENVI 方法 1*

利用表 9.2 中的 ENVI 的方法 1 探测变化。

点击主菜单“Basic Tools”中的“Change Detection”→“Compute Difference Map”。以 2013 年的 NDVI 为初期，确定；2015 年的 NDVI 为末期，确定。

设定变化的类别数为 5，计算“简单差异”，结果输入到内存中。

3）*ENVI 的方法 4*

运行 ENVI 集成界面程序，打开 L8 的两个图像文件。

在工具箱部分，输入“change”，显示如图 9.3 所示。

双击 “图像变化工作流”，启动工作流。

（1）基本操作：①指定 2013 年数据为时段 1,2015 年数据为时段 2。如果图像有 0 值的背景，则设置掩膜。本练习数据不需要进行掩膜。继续下一步。②忽略图像配准，继续。提供的数据已经配准，能够满足基本的工作要求。③选择图像差异作为变化检测的方法，继续。④选择差异的来源，包括波段、特征指数和光谱角，其中，波段是单个特征，特征指数是波段组合，光谱角则是图像中所有特征的综合。选用特征指数选择 NDVI 的差异，继续。⑤应用阈值，继续。如果仅仅输出差异图像，则需要自己确定阈值。⑥感兴趣的变化包括增和减两部分；选用自动阈值化方法，使用 Otsu 方法确定阈值，继续。⑦细化结果，其中平滑核大小为默认值 5，最小图斑大小（最小图斑包括的像素个数）设定为 50。⑧输出变化类别图像。保存为文件：mc_icw1。

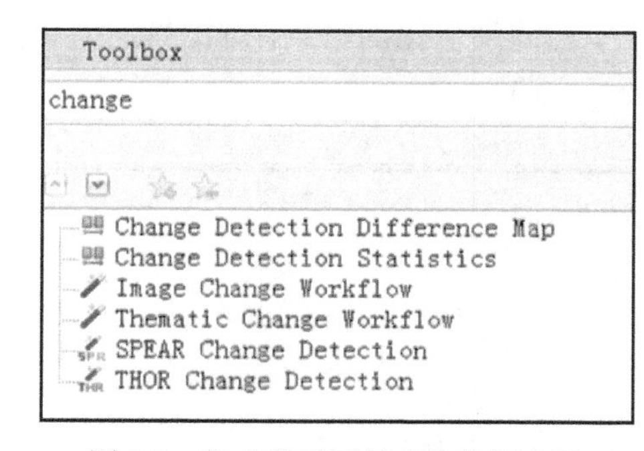

图 9.3 集成界面下的变化检测方法

问题 1：

1. 对比上述两个结果，哪个更为准确？
2. 如何使得 ENVI 方法 1 的结果逼近密度分割的结果？
3. 哪种方法更为灵活？
4. 如何有效地确定变化的阈值？

（2）扩展操作。使用本工作流继续进行实验操作，设定的参数见表 9.3，其余参数保持不变。

表 9.3 扩展对比操作的参数设定

基本操作中的参数设定	变化结果文件名
步骤④，特征指数 NDWI	mc_icw2
步骤④，特征指数 NDBI	mc_icw3
步骤④，光谱角	mc_icw4
步骤④，特征指数 NDVI 步骤⑥，产生阈值的方法 Tsai	mc_icw1_T
步骤④，特征指数 NDVI 步骤⑥，产生阈值的方法 Kapur	mc_icw1_Ka
步骤④，特征指数 NDVI 步骤⑥，产生阈值的方法 Kittler	mc_icw1_Ki

（3）对比：①对于 NDVI 的差异，对比不同阈值化结果的区别。显示：mc_icw1，mc_icw1_T，mc_icw1_Ka，mc_icw1_Ki，连接（5,4,3）合成的两期图像，进行对比。对比这些结果与 mc_bmd1 和 mc_bmd2 的差异，分析产生差异的原因。②对于不同特征指

数，相同阈值化的结果，对比其间差异。相关的输出文件为 mc_icw1, mc_icw2，mc_icw3，mc_icw4。

问题 2：

1. 如何融合不同特征指数的检测结果为最后的变化检测结果？
2. 阈值化如何影响变化检测的结果？
3. 这些阈值化方法的基本计算过程是什么？
4. 选用的图像特征对变化检测结果有什么影响？

---

3. 分类后变化检测

对于经过高精度的几何精纠正的图像，可以使用其分类结果直接进行变化检测，即直接计算分类图像的差。方法要求两期分类图像中各类别的类别编码相同。

使用 ENVI 的变化检测方法 1。

菜单：主菜单 Basic Tools 中的 Change detection。

数据：OLI 分类后的图像。

1）显示两期分类后图像

按照日期前后分别显示图像，窗口为#1 和#2。

2）计算差异图像

点击上述菜单中的子菜单计算差异图“Compute Difference Map”。在出现的对话框中，以 2013 年的作为初始状态（Initial State），确定；以 2015 年的为最终状态，确定。

在出现的对话框中（图 9.4），设定变化类型为：简单差异（Simple Difference）。

注意：差异的分类数（Number of Classes）。当前的分类结果中，只有 3 个类（编码为 1,2,3），没有“未分类”的 0 值，所以，两期图像相减，最大值为 2，最小值为–2，数值顺序应该为 2,1,0,–1,–2，重新分类后，共 5 个数。输入 5，点击“定义级别阈值”（Define Class Thresholds）进行查看（图 9.5）。在“定义简单差异类别阈值”（Define Simple Difference Class Thresholds）对话框中，左侧的是差异结果图像中的编码，例如，变化+2 对应类别 1，即对于计算的差值 2，输出的编码是 1。修改各个类别对应的阈值，例如，变化 2 对应的是>1.5。

输出结果到内存中，确定。

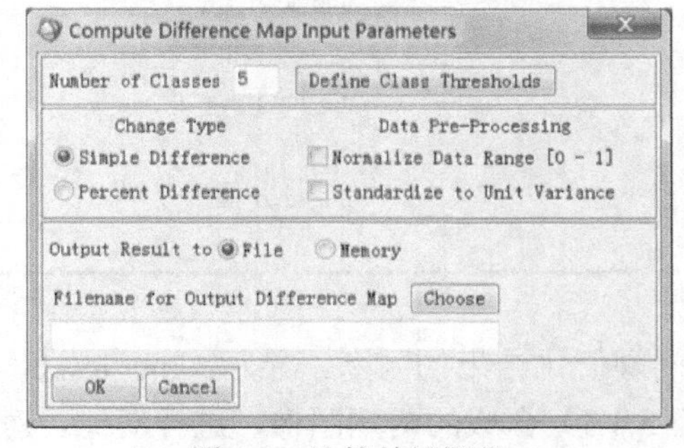

图 9.4　计算差异图像

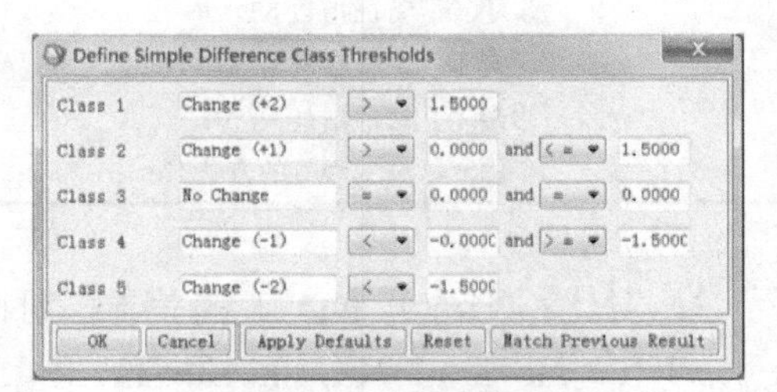

图 9.5　定义差异阈值

3）显示差异图像

在 ENVI 中，差异图像为分类图像。查看结果图像（图 9.6），窗口为#3。系统按照差异，自动进行密度分割设定颜色，红色为增加，蓝色为减少。

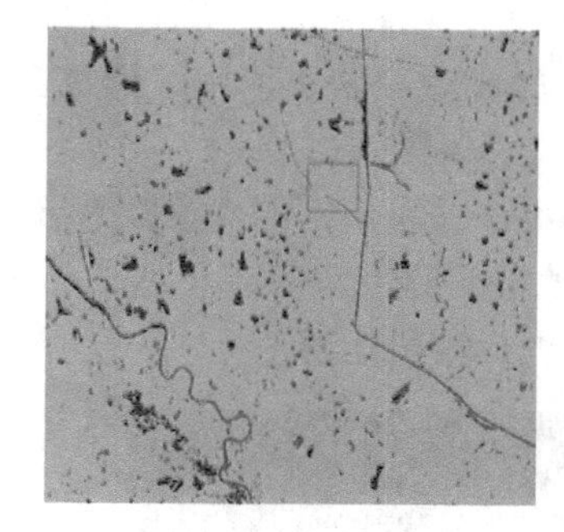
（a）2013 年分类结果

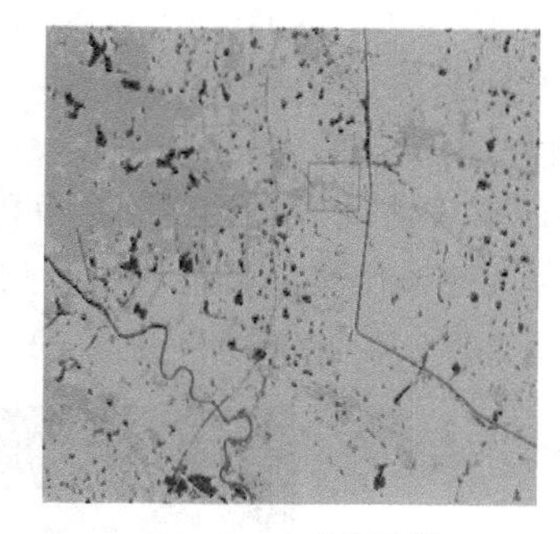
（b）2015 年分类结果

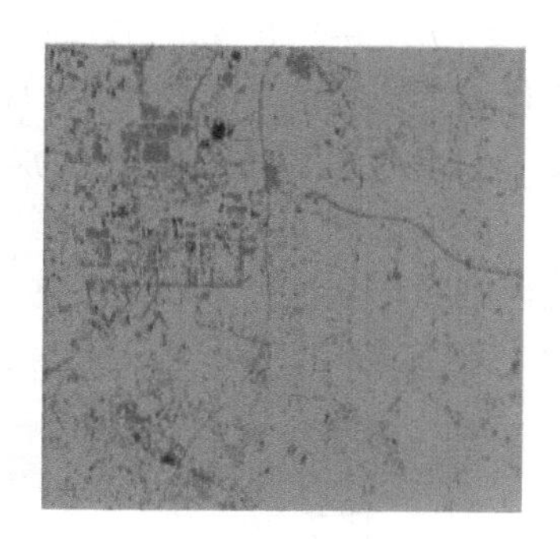
（c）差异图像

图 9.6　差异图像与分类结果

4）结果对比

连接#1、#2 和#3 窗口，便于对比。双击任一窗口，显示当前位置的像素值。

5）变化统计

点击主菜单“Basic Tools”→“Change Detection”→“Change Detection Statistics”。

使用 2013 年的类别作为初期，确定；2015 年的类别作为末期，确定。

在出现的“定义等价类”中，使用默认的设置。提供的分类文件中，同类使用相同的类别名称和编码，因此，在此窗口进行了自动匹配，确定。保存结果到内存中，确定。

在变化检测统计的对话框中，查看百分比的页面（图 9.7）。

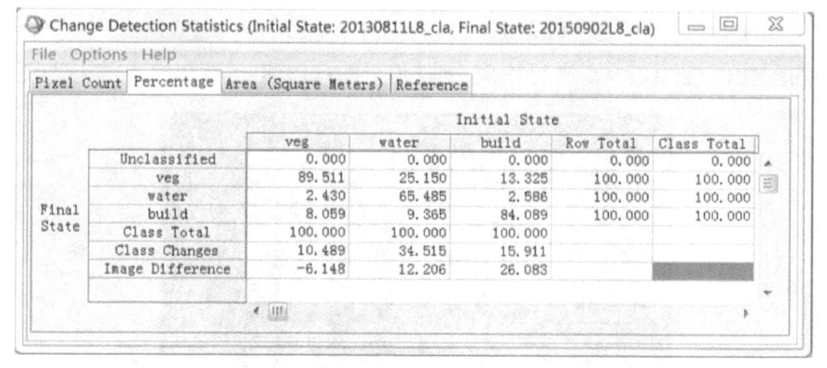
Change Detection Statistics (Initial State: 20130811L8_cla, Final State: 20150902L8_cla)

File　Options　Help

Pixel Count | Percentage | Area (Square Meters) | Reference

		Initial State				
		veg	water	build	Row Total	Class Total
Final State	Unclassified	0.000	0.000	0.000	0.000	0.000
	veg	89.511	25.150	13.325	100.000	100.000
	water	2.430	65.485	2.586	100.000	100.000
	build	8.059	9.365	84.089	100.000	100.000
	Class Total	100.000	100.000	100.000		
	Class Changes	10.489	34.515	15.911		
	Image Difference	-6.148	12.206	26.083		

图 9.7　变化差异的统计

统计表中，横行为初期，竖列为末期。以第一行为例，统计表明在两个时间段中，植被有 2.43%变化为水体，8.059%变化为建设用地，变化了 10.489%（=2.430%+8.059%）。对比两期图像中植被的像素数量百分比，减少了 6.148%。

从类别看，变化最大的是水体，其次是建设用地和植被。

从数量看，建设用地在增加，植被在减少，水体有所增加。

6）调整显示以增强差异性

默认的显示强调了数量的差异，但信息量有限。为此，可以使用下面的两种方法强调差异性。

（1）使用密度分割方法调整差异图像显示的颜色，颜色的设置见图 9.8。暗绿色对应变化–1，绿色为对应的变化+1，另外两色分别对应–2 和+2，不变 0 对应的 3 使用了黑色。显示的图像强调了变化的类别差异信息（图 9.9）。

（2）进一步，显示的图像中能够表达图像类别变化之间的承接关系。例如，植被为绿色，则应将从植被变化产生的水体或建设用地的颜色设置为与植被的颜色具有继承关系。

设 2013 年的分类结果为 b1，2015 年的分类结果为 b2，进行波段运算：

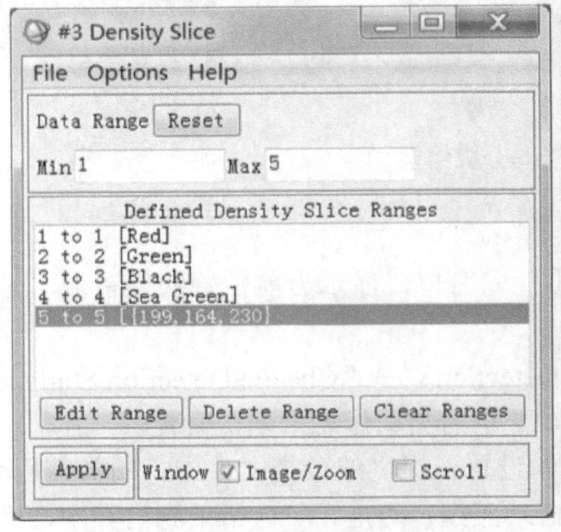

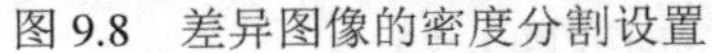
图 9.8　差异图像的密度分割设置

图 9.9　差异图像的密度分割

（b2*10-b1）*（b1 ne b2）

对产生的图像值按照表 9.4 进行密度分割（文件：LC8_dcla.dsr），结果为图 9.10。

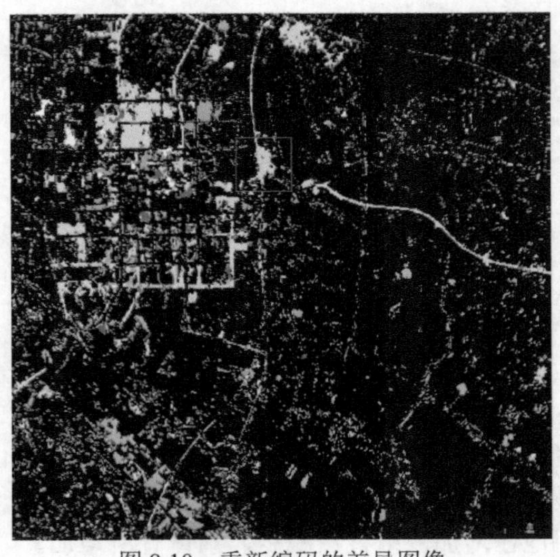
图 9.10　重新编码的差异图像

表 9.4　差异图像编码的密度分割设置

编码值	（R，G，B）	颜色样例
0	（0,0,0）	
7	（255,160,0）	
8	（60,230,255）	
17	（255,0,160）	
19	（0,255,160）	
28	（160,0,255）	
29	（160,255,0）	

将上面的操作按照变化的对应关系列在表 9.5 中。其中，第一行为初期，第一列为末期。

表 9.5　差异的颜色编码和设计

类别	植被 1	水体 2	建设用地 3
植被 10	0		
水体 20		0	
建设用地 30			0

问题 3：

1. 上述操作的基本思路是什么？如何进一步完善？
2. 对比差异图像图 9.9 和图 9.10 的显示，区别是什么？

参考本案例，设计最终变化检测成果图的输出颜色。

把重新编码的差异图像输出为分类图像（密度分割对话框，点击菜单“文件”→“输出分级为类别图像”），并显示在#3 窗口。

7）后处理

由于两期图像的不严格匹配，或者是分类的误差，容易产生孤立的变化像素，需要进行消除。

变化差异图像为类别图像，可以使用分类后处理的工具。

打开像素定位工具（Pixel Locator），定位 314 列 213 行。显示三个 Zoom 窗口中的十字线，放大显示。如果有必要，分类在#1 和#2 窗口显示两期（5,4,3）合成的图像。

可以看到，该像素是孤立的。这些孤立的像素，大多属于分类或图像匹配造成的误差，需要做处理。

保持#1，#2，#3 窗口的连接，分析对比，确定孤立像素最多的差异图像的编码。

下面的操作中，处理的是重新编码的差异图像。

相关的功能：点击主菜单“分类”→“分类后处理”。

（1）使用多数分析去除差异图像中的孤立像素。选择所有的类别，包括未分类，进行多数分析，窗口为3×3，结果保存在内容中。

选择除29-29外的其他类别，进行相同的处理。

对比上述两个结果的差异。

（2）进行聚块处理。同（1）中的选择，产生两个结果，对比结果的差异。

（3）中值滤波。对图像进行3×3窗口的中值滤波。

探索其他的去除孤立像素的方法。

问题4：

1. 对比上述5个处理结果，其间的差异是什么？对各个类别的变化有哪些影响？哪个方法的结果更合理一些？

2. 如果更多地关注植被-水体的变化，在多数分析中，应该怎么选择待处理的类？

对后处理后的图像进行制图，强调类间变化的承接关系。

统计变化差异的百分比，基于Excel产生类似于图9.7的“来源-去向”表。

保存结果图像文件为mc_dcla0，作为后面实验的变化检测真值。

以类别图像作为输入，使用集成界面下的ENVI变化检测方法5（表9.2）进行后处理，对比不同后处理参数对输出图像的变化分布和变化统计结果的影响。

4. 分类变化检测

以本实验3中分类后变化检测的结果作为真值，利用给出的OLI的图像数据进行分类，评估分析变化检测的误差，给出混淆矩阵，计算相关的精度指标。

设图像的大小为TN+FN+TP+FP（图9.11）。通过地物的调查或人工解译，获得真实的地物分布信息为TP+FN（实线框内部分）。通过图像处理提取的结果为TP+FP（虚线框内部分）。提取结果中，一部分是真实的，为TP；另一部分是错误的，为FP。

对于任意一类，可以计算如下精度指标：

$$\text{查全率（\%）：} \mathrm{TPR} = \frac{\mathrm{TP}}{\mathrm{TP} + \mathrm{FN}} \times 100$$

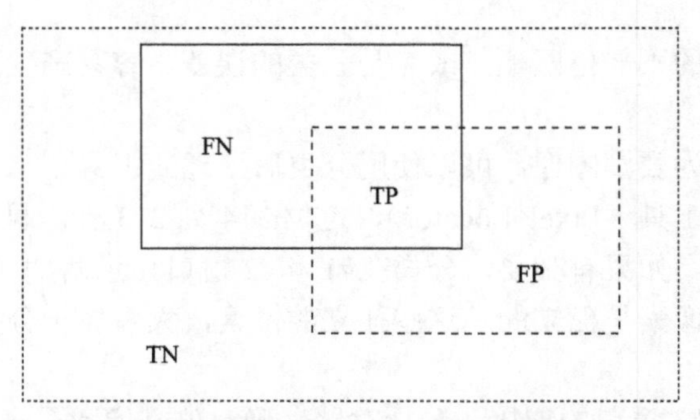

图9.11 遥感信息提取结果与地面真实的关系

$$查准率（\%）：\ P = \frac{TP}{TP + FP} \times 100$$

漏检率=100–查全率

5. 高空间分辨率图像的变化检测

使用 RapidEye 图像进行变化检测。

对比不同彩色合成的图像，可以看到，两期图像中，物谱的不一致性要大于 L8 图像，图像中可以看到明显的阴影。

如有必要，对两期图像进行相互的图像匹配，并重采样到相同的大小。

可以对两期图像分别进行快速大气校正或直方图规定化，以弱化日期差异带来的影响。

1）使用总差异检测变化

计算图像的差异和，然后利用阈值确定变化。

（1）计算差异和。按照如下步骤进行计算。

计算图像的差异：abs（float（b1）-float（b2）），b1 对应 2014 年图像，b2 对应 2016 年图像。

计算差异的总和作为总差异：（b1+b2+b3+b4+b5）/5，b*i* 为图像 5 个波段的差异。

对总差异图像进行 5×5 的高斯低通滤波。

（2）显示对比。两期图像（5,3,2）合成，显示在窗口#1、#2 中，显示滤波后的图像，窗口为#3（图 9.12）。在#4 窗口显示各个波段的差异，连接 4 个窗口。

（a）2014 年（5,3,2）合成

（b）2016 年（5,3,2）合成

（c）总差异的滤波结果

图 9.12　图像差异与彩色合成结果的对比

箭头指的框内建筑虽然颜色有差异，但实际上没有变化

（3）利用差异直方图确定阈值。显示#3 窗口的直方图，使用 band 为直方图的数据源，设置直方图参数中的灰度级最大为 3100[图 9.13（a）]。809～1500 作为拉伸输入的最小值，2500 作为拉伸输入的最大值[图 9.13（b）]，应用图像拉伸。对比差异，确定可识别的差异的阈值。

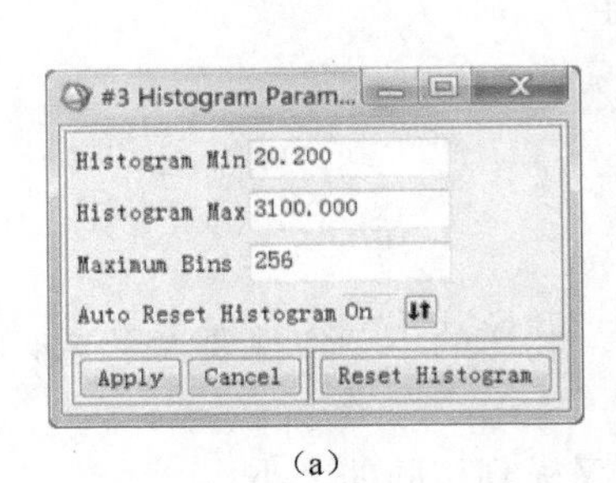

(a)

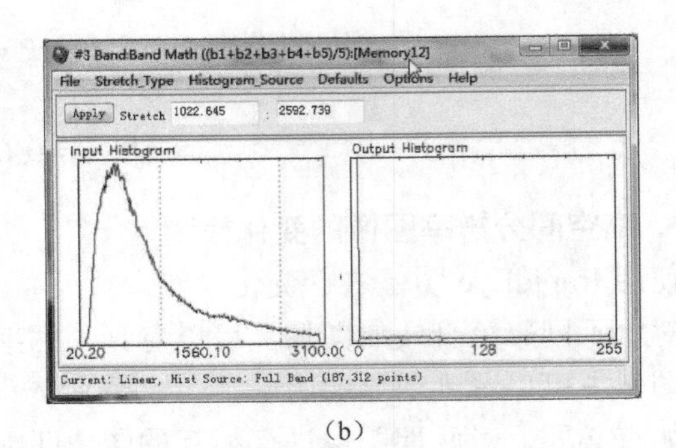

(b)

图 9.13　利用差异图像的直方图确定变化阈值

选择 900 作为拉伸低值的输入，应用拉伸。

（4）利用 k 均值聚类探测变化。以图像各个波段的差异作为输入，进行 k 均值聚类，聚类数设定为 4 类，其余参数不变。

对比聚类结果和差异图像的拉伸结果（图 9.14）。

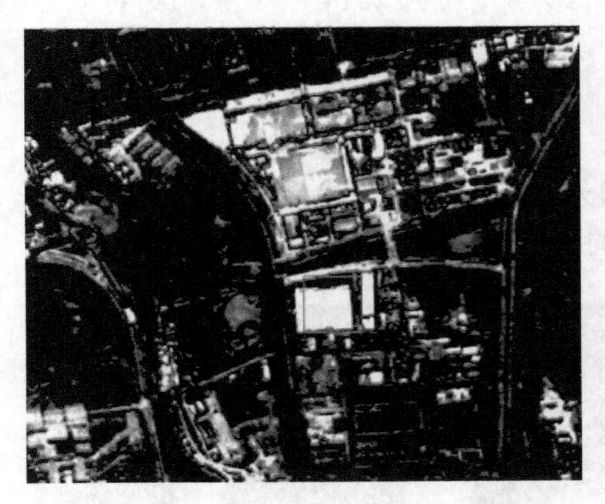

（a）按照 900 作为拉伸的总差异图像

（b）4 类 k 均值聚类的结果

图 9.14　阈值分割与 k 均值聚类结果的对比

问题 5:

1. 空间上哪部分差异最大？差异值是多少？最小的差异值可能是多少？
2. 对于 5 个基本的图像特征，哪个特征反映的差异最多？

下面进行操作扩展：获得 k 均值聚类结果的各类总差异的均值。

a. 转出数据为 IDL 的变量。把总差异转出为 IDL 的变量 D，k 均值聚类的结果转出为变量 C。操作：点击主菜单“File”→“Export to IDL Variable”。

b. 计算平均的差异。转到 IDL 窗口，在“ENVI”>后面输入：mean（D），按回车键。

这是输入窗口命令的基本方式。上述操作的含义是，计算总差异的均值。

继续输入命令：median（D）

可以看到二者的差异。

c. 计算类别的平均差异。

输入命令：mean（D*（C eq 3））

结果为 1027.3。

这个结果正确吗？为什么？

继续输入命令：a=D*（C eq 3）

min（a）

最小值为什么是 0？

下面编写了一个小程序计算类别的均值（表 9.6），文件名：class_mean.pro,在 RP 目录下。

运行程序，可以看到大于平均差异的为类别 3 和 4。从折线图也可以看到，3,4 类的平均差异大于 1 和 2 类的差异。

因此，选择类 3 和 4 作为差异的结果。

在 ENVI 中，对 *k* 均值聚类结果进行波段运算：

b1 gt 2

表 9.6　计算类别均值

程序行	说明
cm=**dindgen**（**4**）;	定义一个双精度数组，包括 4 个数，默认数组索引为 0 开始， 开始循环
for i=**1**,**4** **do begin**	获得类别的数据为 a
a=D*（C **eq** i）	统计 a 中非 0 值的均值并保存起来
cm（i-**1**）=**mean**（a（**where**（a **gt** **0**））	
endfor	结束循环
p=plot（cm,ytitle='综合差异',xtitle='类别编号'）	绘图
print,cm	
where（cm **gt** **mean**（d））+**1**	显示各个类别的平均差异 大于平均差异的类别编号。由于数组索引从 0 开始，所以+1
end	结束程序

对比其与图 9.13 的区别。

重复上述过程，设定初始的类别数为 6，确定差异图像。

（5）综合上述计算，确定变化检测结果，保存图像为 re_cd_ds_c。

2）使用余弦距离检测差异

参考“2.基于 NDVI 差异的变化检测”中的“3）ENVI 的方法 4”下的（1）的操作，使用余弦距离，使用自动阈值 Otsu 方法获得差异图像和检测结果，结果分别保存为 re_cd_cs_d 和 re_cd_cs_c。

3）使用 NDVI 检测差异

参考“2.基于 NDVI 差异的变化检测”中的“3）ENVI 的方法 4”下的（1）的操作，选用 NDVI 特征指数，使用自动阈值 Otsu 方法获得差异图像和检测结果，结果分别保存为 re_cd_ndvi_d 和 re_cd_ndvi_c。

可以利用直方图和密度分割，对 2）和 3）的差异图像自定义分割阈值。

对比三个变化检测结果，分析其优缺点。

4）物谱不一致的处理

从显示的图像中可以看到，部分位置的建筑具有高的总差异，但实际上没有变化。这些问题需要做进一步的处理。

（1）使用色彩变换的方法孤立研究对象。

（5,3,2）显示 2014 年和 2016 年两期图像，然后分别转为 HSV，对比其差异，表明利用 S 可以孤立该不变的部分。计算两期图像 S 的差异（b1 对应 2014 年产生的 S，b2 对应 2016 年产生的 S）：

（b2 lt 0.25）*（b1 lt 0.2）

然后进行 5×5 的中值滤波，结果见图 9.15。

图 9.15　饱和度 S 差异图像的中值滤波结果

探测到的不变的建筑见图 9.16。

问题 6：

1. 分割的阈值 0.25 和 0.2 是怎么确定的？
2. 为什么对分割结果进行 5×5 的中值滤波？

以“1）使用总差异检测变化”下“（1）计算差异和”中的总差异为 b1，以滤波结果为 b2，计算：

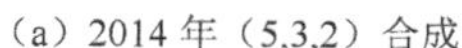
（a）2014 年（5,3,2）合成

（b）2016 年（5,3,2）合成

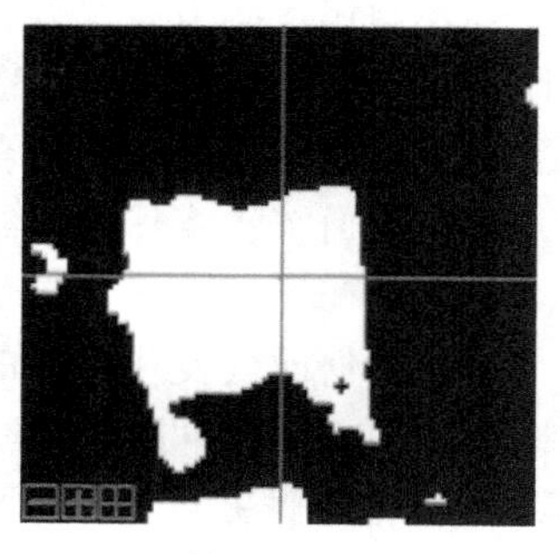
（c）检测的不变建筑

图 9.16　不变化区域（建筑等建设用地）的原始图像和检测结果

（b1 gt 900）*（1-b2）

从而删除了变化检测结果中的实际不变的建筑部分。结果如图 9.17 所示。

图 9.17　RapidEye 变化检测结果

（2）使用纹理特征孤立研究对象。不变的建筑其形状保持一致，内部像素值的分布具有更好的均一性，因此，可尝试使用纹理指标来进行分割。

基本的思路是：选择一个图像特征，计算共生矩阵的纹理指标，选择合适的纹理指标然后确定阈值进行分割。计算两期图像分割的纹理特征，进行必要的后处理，然后作为（1）中的 b2。

四、课后思考练习

（1）图像特征对分类结果有什么影响？对变化检测有什么影响？

（2）在变化检测的误差中，由图像匹配错误产生的误差比例是多少？

（3）如何综合度量图像特征的差异，更好地探测变化信息？

（4）如何有效地进行变化检测结果制图？

（5）变化检测中涉及哪些图像处理方法？变化检测的难点有哪些？可能的解决方法是什么？

（6）变化检测的后处理有哪些方法？如何有针对性地选择后处理方法？

（7）如何评价变化检测结果的真实性？有哪些方法？

（8）存在通用的最优的变化检测方法吗？为什么？

（9）如何面向变化检测的工作要求，选择合适的遥感数据源？

（10）与其他空间分辨率的图像对比，高空间分辨率图像的变化检测的难点是什么？有哪些可能的解决方法？

五、程 序 设 计

编写程序，计算两期 L8 图像的 NDVI 的差和光谱角，显示差的直方图，人工确定阈值进行分割，进行分割后处理和变化检测统计。以实验结果作为真值，计算变化检测精度。要求给出参数的输入界面，能够显示图像结果，并能够使用图像分割中的数学形态学方法进行后处理。

附录 1　实验报告要求

1　实验报告提交

按照每个实验要求，选择提交实验报告、可执行文件和数据文件到服务器上的“遥感数字图像处理”目录中。

在对应的实验编号和名称的目录下面保存实验报告。使用 RAR 格式压缩文件，压缩后的文件名为学生的学号_实验序号。一个实验报告的文件大小不应超过 3M。

例如，学号为 3 号，实验 1，那么，文件名为 3_1.rar。

2　报 告 格 式

统一使用 Word，格式参考文件“实验报告模板.doc”。

3　内 容 要 求

提交的报告中，至少应该包括如下内容：

（1）实验目的和内容。

（2）图像处理方法和流程。

（3）实验结果。

（4）结果分析。

（5）参考文献。

附录2　实验报告模板

实验报告名称

姓名：　　　　　　　　　学号：　　　　　　　　　日期：

成绩：

1. 实验目的和内容

正文，宋体，小4号字，1.25倍行距，段落左空2格。

标题左齐。按照1，1.1，1.1.1的方式进行标题编号。1级标题为黑体，4号字，2、3级标题为宋体4号。

2. 图像处理方法和流程

指明实验数据、图像处理方法、方法的流程和对应的参数。

3. 实验结果

给出与上述2中对应的实验结果图像，并对图像内容进行解释和说明。

表名在表的上部，宋体，小4号，居中，加黑，表中的内容为5号宋体，单倍行距，样式如表1所示。

表1　实验结果

图像名称	日期	数据（右齐）
TM10-1-20		12.3
		15.8

图名在图的下部，宋体，小4号，居中，加黑。图中字体5号，宋体。样式如图1所示。

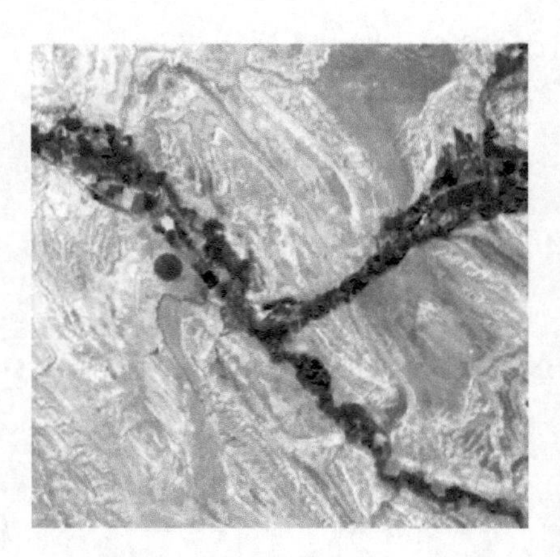

图1　Bhtmref图像（3,2,1）真彩色合成显示，2%拉伸

报告中不要出现“点击…”这样的叙述。报告的详细程度，以同级学生进行重复操作能够复现结果为参考。参考文献的内容在正文中应该被明确引用。

4．结果分析

对实验的结果图像进行对比分析、评价。

参考文献格式：

1. 作者1，作者2，作者3，等. 论文标题. 期刊名称，出版年，期刊卷（期）：页码1-页码2.

2. 作者1，作者2，作者3，等. 书名. 出版社，出版年：页码1，页码2.

3. 作者1，作者2，作者3，等. 标题.（内容发表日期）[网址访问日期]. 网址.

附录 3 遥感数字图像处理实验的相关软件

遥感图像处理实验需要的相关软件列在附表 1 中。全部安装这些软件有助于更好地进行实验练习。

本书中 **ENVI 系统的版本默认为 5.31**，其他版本的界面可能会与此有所不同。

附表 1 相关软件

编号	软件	目的	相关的实验	是否必需
1	遥感图像处理软件 ENVI	图像处理 开发、验证图像处理算法 教师和学生使用	图像处理	必需
2	办公软件 Office 的 Word 和 Excel 或兼容的办公软件	编写实验文档 处理实验需要的表格文档 教师和学生使用	文档表格编写	必需
3	高级语言 VB、VC 等	程序开发语言 学生用来编写程序，实现图像处理算法 教师和学生使用	图像处理程序练习	必需
4	MapInfo 或 ArcGIS	从地图中获取控制点坐标 显示图像分类结果 GIS 专业必用软件 教师和学生使用	几何纠正 图像分类	必需
5	Photoshop CS	了解颜色空间的概念 比较图像显示增强、图像滤波的处理效果 教师演示用	图像合成显示 图像拉伸 图像滤波	可选
6	MATLAB 或兼容的免费软件	辅助工具 教师使用。建议学生使用	练习图像处理算法	可选

遥感数字图像处理软件大多是处理工具的集合，单个工具往往难以达到效果，而工具的组合应用才能满足工作需要。练习这些工具，熟悉工具产生的效果，是本书的基本目标。

千万不要想当然地认为使用软件就可以得到预期的或正确的结果。正确的结果来自于对问题、研究对象和算法的认识，特别是，必须使用与算法相符的数据类型才会有预期的结果。如果数据不满足算法的要求，虽然能够产生处理结果，但只能是错误的结果。

所以，即使有了软件，仍然需要了解算法的基本原理。

同时，一定要清楚，任何软件都明确声明不保证结果的正确性！软件都是有 bug 的。虽然选择 ENVI 作为实验用软件，但并不意味着其他软件不好。每个软件都有自己不可替代的特色，如 PCI 的几何精纠正模型和大气校正模型、ERDAS 的工具箱等。实际工作中，往往需要根据工作目标和内容，扬长避短，联合使用各个软件才能完成任务。

对于新发布的软件版本，一定要查看软件的在线帮助和发布文档，了解软件修正了哪些错误，新增了哪些功能，还有哪些问题没有得到解决！

附录 4　随书光盘内容说明

随书光盘中的数据按照实验单元组织（附表 2）。每个实验单元一个目录，目录里是与实验相关的数据和参考资料。注意：实验软件为 ENVI，建议版本 4.8 以上。

附表2　随书光盘内容*

编号	目录名称	数据说明	子目录
1	实验准备	数据 校正工具 实验报告的要求和模板文档	数据：给出了 Landsat TM、SPOT 和 IKONOS 全色图像的实例，便于进行图像处理。 校正工具：免费的显示器校正工具
2	图像处理的基本操作	实验数据和结果	单波段的 TM 数据文件 合并后的 TM 数据文件 实验用的图像
3	图像合成和显示增强	合成后彩色图像	
4	遥感图像的校正	纠正需要的控制点，矢量图、纠正结果	完整的 TM 图像，对应的 DEM 数据 参照数据：点位数据和旅游图扫描图像，MapInfo 格式。纠正后的参考图像 几何精纠正：参考的 GCP 点 重采样对比：不同重采样方法产生的纠正图像
5	图像变换	图像变换的实验数据和结果图像	FFT：FFT 变换实验用的图像和变换结果参考 PCA：主成分变换的统计数据，图像主成分计算.xls 代数运算：基本的表达式文件。结果图像 缨帽变换：变换后的图像。AA_KT。使用 ENVI 4.8 计算，L5 格式 彩色变换：典型彩色变换结果的彩色图片
6	图像滤波	图像滤波的实验数据	平滑：平滑去噪实验的图像实例。包括照片、TM 图像、中巴卫星图像局部，噪声图像 锐化：锐化处理的图像实例。包括照片和高分辨率遥感图像局部
7	图像分割	图像分割需要的图像和部分分割结果	分割实验数据 分割结果：分割产生的部分结果
8	图像分类	实验数据和处理结果数据	比 AA 范围更大的实验数据 非监督分类：分类结果 监督分类：分类结果。后处理参照结果。分类结果面积比较.xls
9	变化检测	实验数据，分类结果等	两期 L8 图像 两期 RapidEye 图像，5m 空间分辨率，5 个波段

＊ 光盘内容获取方式：读者登录http://www.ecsponline.com 网站，通过书号、书名或作者名检索找到本书，在图书详情页“资源下载”中下载。如有问题可发邮件到dx@mail.sciencep.com 咨询。